中小学生
大阅读
DAYUEDU

看看我们的地球

（名师视频讲解版）

李四光/著

长江出版传媒 ｜ 湖北教育出版社

前言
Foreword

在中国人眼中，读书人一直享有很高的地位。阅读使人远离贫乏、平庸，使人博学、睿智，使历史和文明延续，使优秀品德代代传承。阅读是每个人生活中不可或缺的一部分。尤其是经典名著的阅读，对于广大青少年而言，尤为重要。因为经典名著是人类历史长河中的珍珠，历经岁月洗涤，以其卓越的思想性、艺术性，恒久绽放灿烂光华，必对青少年身心成长大有裨益。

为了倡导和推动经典名著阅读，我们组织研发了这套"中小学生大阅读（名师视频讲解版）"丛书。那么，这套丛书有何与众不同和过人之处呢？

其一，我们为青少年朋友量体裁衣，精挑细选，对从小学到高中全学段的经典名著阅读实现了全覆盖。这套丛书，包罗中国国学珍宝、中国传世经典、中国现当代名家名作、世界文学名著，等等，可谓古今中外，皆浓缩于尺牍；千山万水，尽了然于卷帙。

其二，这套丛书构架了全新的阅读体系，全程名师指导伴读，并搭配视频讲解，以学生喜闻乐见的形式解说名著经典，帮助学生提升阅读理解、写作技巧、表达交流等多方面的必备能力。

其三，这套丛书根据不同学段学生的心理特点、审美特点和阅读习惯，设置各具特色的板块和栏目，做到文字与插图兼美、知识与趣味并重。

青少年朋友们，我们无法丈量生命的长度，但可以拓展生命的宽度，而阅读一本让人受益的好书，无疑是一次生命的拓展……歌德曾说：读一本好书，就是与许多高尚的人谈话。因此，阅读经典，就是与智者同行，与先贤论道。手捧这套丛书，我们可穿梭时空，遨游天下，领略极致风景，沐浴智者思想的惠泽，期盼美好的未来，成就更好的自己。

1 名师带你读

为学生导读文章的内容，引起学生的阅读兴趣，让学生带着问题去阅读。

2 名师批注

欣赏优美句段，体会深层情感，名师引领你亲近真、善、美。

3 精美图画

富有童趣的插图，勾起学生主动阅读的兴趣，提升学生的审美情趣。

中小学生大阅读

侏罗纪与中国地势

名师 带你读

侏罗纪是什么时期？它与中国地势有着怎样的关系？

名师批注

发现的淡水停积物之少与下文新生世的停积物之多形成对比。

侏罗纪以后，一直到今天，在中国所生的地层极不完整。就是那枯烈时代（又名白垩时代），欧洲的海里造了几千尺厚的石灰岩和白垩。然而中国除四川赤盆中多少有点淡水停积物被认为是这个时代之纪念以外，从未闻有任何一项枯烈纪的层岩。就现在我们的知识判断，中国本部决无那时的海洋停积物可寻。

看看我们的地球

燃料的种类很多。现今通用的，就形式上说，有固质、液质、气质三项的区别；就实质上说，不过木材、煤炭、采油三大宗。其余火酒、草、粪（中国北方就有地方烧粪）等类，比较起来，究竟分量很少，用途也极狭隘。实际上算不算燃料，都没有多大的关系。

知识链接
煤油：此处指石油。

🎓 **名师点拨**

　　儿童是祖国的未来，因此对他们的教育就显得尤为重要。为了使他们能够肩负起建设祖国未来的重任，我们要从小培养他们热爱自然、热爱科学的兴趣。文中对学校与家庭都提出了要求，并简单地阐述了激发孩子求知欲望的方法。

📖 **好词佳句**

☆ 赐予　驯服

☆ 我们不能等待大自然的赐予，我们要向它夺取。

☆ 在儿童好奇探求自然界知识的时候，应该加以诱导，应当利用游戏和玩具来发展儿童对于自然的认识和创作的要求。

💡 **趣味思考**

　　对儿童的教育，我们应该如何寓教于乐，以激发他们对科学探索的兴趣？"我"为什么要为新中国幸福的儿童们欢呼？

4 知识链接

　　延伸、拓展课外知识，帮助学生轻松阅读，灵活掌握。

5 名师点拨

　　一线名师分析文章内容及写作手法，让学生快速掌握重点内容，提高阅读理解能力。

6 好词佳句

　　精妙好词细心挑选，佳句好段一一登场，逐个学习借鉴精华，快速提高写作功力。

7 趣味思考

　　根据内容提出探索性问题，"读"与"思"相结合，激发学生的思考力。

阅读早知道

故事
概要

　　《看看我们的地球》是著名地质科学家李四光为青少年读者倾情奉献的一本科普随笔集。本书精选了李四光不同时期的科学论著、随笔小品和重要书信，连缀成集，全面反映了李四光严谨治学的优秀品质和高雅的艺术素养，是一部难得一见的兼具学术性、趣味性和可读性的著作。

作者
介绍

　　李四光（1889—1971），原名李仲揆，湖北黄冈人，著名地质学家、教育家、音乐家、社会活动家，中国地质力学的奠基人，中国现代地球科学和地质工作的主要领导人和奠基人之一。1904 年留学日本；1913 年赴英国伯明翰大学学习采矿和地质，1919 年获自然科学硕士学位；1920 年回国任北京大学地质系教授，次年任北京大学地质系主任；1922 年被选为中国地质研究所所长；1931年被伯明翰大学授予自然科学博士学位；1934年应邀赴英国伯明翰、剑桥等大学讲学；1936 年回国，继续进行地质考察研究工作；1948 年当选中央研究院院士，同年偕夫人赴英国伦敦出席第十八届国际地质大会。

　　1950 年，李四光自英国回到百废待兴的祖国，先后任中国科学院副院长、地质部部长、第一届全国政协委员、第二届和第三届全国政协副主席等职务。

　　李四光毕生致力于地球科学事业。他勤奋好学，博览群书，注重实践，悉心钻研，勇于创新，写下了 140 余篇（部）科学论著，在发展地球科学和服务于国民经济建设、环境治理等方面，做了许多开创性的工作。他创建的地质力学，提出构造体系新概念，为研究地壳构造和地壳运动、地质工作开辟了新途径；他关于古生物蜓科化石分类标准与鉴定方法，一直沿用至今，为微体古生物研究开拓了新道路；他建立的中国第四纪冰川学，为第四纪地质研究，特别是地层划分、气候演变、环境治理和资源勘查等开拓了新思路。

　　李四光还运用自己创建的地质力学理论和方法，组织指导石油地质工作，指出我国东北平原、华北平原、两湖地区蕴藏有丰富的石油，为我国石油资源的开发做出了重大贡献。晚年，他在地震地质和开发利用地下热能等新领域进行了有成效的研究。

1971 年 4 月 29 日，李四光逝世于北京。

2009 年，李四光当选"100 位新中国成立以来感动中国人物"。

阅读指导

一、了解作者的写作背景。

李四光是中国现代卓越的科学家、著名的社会活动家、杰出的教育家和伟大的爱国主义者。他为中国地质科学事业的发展不辞艰辛，在我国开拓许多新领域，如：古地磁、同位素地质、构造带地质化学、岩石蠕变及高温高压试验、地应力测量、地质构造模拟实验等方面的研究。他是中国现代地球科学的主要开拓者，是地质学方面把基础研究和应用研究很好地结合起来的典范。

二、把握作品的艺术特色。

本书采用文学随笔的形式介绍了基本的地质知识，内容翔实丰富，语言质朴平易，说理深入浅出，是一本集科学性和人文性于一体的地质科普读物。

三、结合名师点评来阅读。

本书在文中、文后都有大量的名师点评和赏析，读者可以结合这些点评和赏析，再根据自己的理解来阅读，这样有助于更深刻地理解本书的内容精髓。

目录
Contents

地球年龄"官司"

名师 带你读

地球的年龄到底有多大？世界真的是上帝造出来的吗？

地球的年龄，并不是一个新颖的问题。在那上古的时代早已有人提及了。例如迦勒底人（Chaldeans）的天文学家，不知用了什么方法，算出世界的年龄为 21.5 万岁。波斯的琐罗亚斯德（Zoroaster）一派的学者说世界的存在，只限于 1.2 万年。中国俗传世界有 12 万年的寿命。这些数目当然没有什么意义。古代的学者因为不明自然的历史都陷于一个极大的误解，那就是他们把人类的历史、生物的历史、地球的历史，乃至宇宙的历史，当作一件事看待。意谓人类未出现以前，就无所谓宇宙、无所谓世界。

中古以后，学术渐渐萌芽，荒诞无稽的传说，渐渐失去信用。然而公元 1650 年时，竟有一位有名的英国主教阿瑟（Ussher），曾大书特书，说世界是公元前 4004 年造的！这并不足为奇，恐怕在科学昌明的今日，世界上还有许多人相信上帝只费了 6 天的工夫，就造出我们的世界来了。

从 18 世纪中叶到 19 世纪初期，地质学、生物学与其他自然科学同一步调，向前猛进。德国出了维尔纳（Werner），

名师批注

地球的年龄到底有多大？这是自古以来人们都很关心的问题。

英国出了哈顿（Hutton），法国出了蒲丰（Buffon）、陆谟克（Lamarck），以及其他著名的学者。他们关于自然的历史，虽各怀己见，争论激烈，然而在学术上都有永垂不朽的贡献。俟后，英国的生物学家查尔斯·达尔文（Charles Darwin）、阿尔弗雷德·拉塞尔·华莱士（Alfred Russel Wallace）、赫胥黎（Huxley）诸氏，再将生物进化的学说公之于世。于是一般的思想家才相信人类未出现以前，已经有了世界。那无人的世界，又可据生物递变的情形，分为若干时代，每一时代大都有陆沉海涸的遗痕，然则地球历史之长，可想而知。至此，地球年龄的问题，始得以正式成立。

就理论上说，地球的年龄，应该是地质学家劈头的一个大问题，然而事实不然，哈顿以后，地质学家的活动，大半都限于局部的研究。他们对一层岩石、一块化石的考察，不厌精详；而对过去年代的计算，都淡漠视之，一若那种的讨论，非分内之事。实则地质学家并非抛弃了那个问题，只因材料尚未充足，不愿多说闲话。待到开尔文（Kelvin）关于地球的年龄发表意见的时候，地质学家方面始有一部分人觉得开氏所定的年龄过短，他的立论，也未免过于专断。这位物理学家不独不顾地质学上的事实，反而嘲笑他们。开氏说："地质学家看太阳如同蔷薇看养花的老头儿似的。蔷薇说道，养我们的那一位老头儿必定是很老的一位先生，因为在我们蔷薇的记忆之中，他总是那样子。"

物理学家既是这样的挑战，自然弄得地质学家到了忍无可忍的地步，于是地质学家方面，就有人起来同他们讲道理。

所以地球年龄的问题，现在成了天文、物理、地质三家公共的问题。

（1921年9月23日至10月10日，李四光应北京美术学校之邀，先后做了15次学术演讲。演讲全文原载于《北京大学月刊》。1929年由商务印书馆作为《百科小丛书》系列之一出版，原书名为《地球的年龄》。本书此文为原书"绪言"的节选，题目为编者所加。）

名师点拨

对于地球的年龄，不同时期科学家有不同的论断与争论，并且从未停止过，虽然历时漫长，但正是这一场场的论战，体现了科学家对待科学的严谨态度与孜孜不倦的求实作风。

好词佳句

☆新颖　荒诞无稽　不足为奇　淡漠视之

☆他们关于自然的历史，虽各怀己见，争论激烈，然而在学术上都有永垂不朽的贡献。

☆地质学家看太阳如同蔷薇看养花的老头儿似的。蔷薇说道，养我们的那一位老头儿必定是很老的一位先生，因为在我们蔷薇的记忆之中，他总是那样子。

趣味思考

上古时代是如何断定地球年龄的？关于地球的年龄，人们都有哪些争论呢？他们是通过什么来断定地球的年龄的呢？

天文学地球年龄的说法

名师 带你读

从天文学方面，科学家是如何来推算地球的年龄的？丹索对于这个问题的假设成立吗？

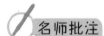

名师批注

表明了科学家对待科学的严谨认真的态度。

名师批注

对于地球年龄的探索本是深奥的问题，但是这里却通过形象的说明来告诉人们。

1749 年，丹索（Dunthorne）依据比较古今日食时期的结果，倡言现今地球的旋转，较古代为慢。其后百余年，亚当斯（Adams）对于这件事又详加考究，并算出每 100 年地球的旋转迟 22 秒，但亚氏曾申明他所用的计算的根据，不是十分可靠。康德在他的宇宙哲学论中曾说到潮汐的摩擦力能使地球永远减其旋转的速率，一直到汤姆孙（J. Thomson）的时代，他又把这个问题提起来了。汤氏用种种方法证明地球的内部比钢还要硬。他又从热学上着想，假定地球原来是一团热汁，自从冷却结壳以后，它的形状未曾变更。如若我们承认这个假定，那由地球现在的形状，不难推测当初凝结之时它能保持平衡的旋转速率。至于地球的扁度，可用种种方法测出。旋转速率减少之率，也可由历史上或用旁的方法求出。假若减少之率通古今不变，那么，从它初结壳到今天的年龄，不难求出。据汤氏这样计算的结果，他说地球的年龄顶多不过 10 亿年。但是他又说如若比1亿年还多，地球在赤道的凸度比现在的凸度应该还要大，而两极应较现在的两极还要平。汤氏这一回计算中所用的假定可算不少。头一件，他说地球的中央比钢还硬些。我们从天体力学上着想，倒是与他的意见大致不差；但从地震学方面得来的消息，不能与此一致。况且地球自结壳以后，其形状有无变更，其旋转究竟是怎样的变更，我们无法确定。汤氏所用的假定，既有可疑的地方，他所得的结果，当然是可疑的。

乔治·达尔文（George Darwin）从地月系的运转与潮汐的关系上，演绎出一种极有趣的学说，大致如下所述：地球受了潮汐的影响，渐渐减少旋转能，这是我们都知道的。按力学的原则，这个地月系全体的旋转能应该不变，今天地球的旋转能既然减少，所以月球在它的轨道上的旋转能应该增大，那就是由月球到地球的距离非增加不可。这样看来，愈到古代，月球离地球愈近。推其极端，应有一个时候，月球与地球几乎相接，那时的地球或者是一团黏性的液质，全体受潮汐的影响当然更大。

名师批注

受当时条件的局限，科学家只能进行科学假设。是否正确，只能由科学的发展来证明。

据达氏的意见，地球原来是液质，当然受太阳的影响而生潮汐。这一时，这团液质自己摆动的时期恰与日潮的时期相同，于是因同摆的原因，摆幅大为增加，一部分的液质就凸出了很远，卒致脱离原来的那一团液质，成了它的卫星，这就是月球。当月球初脱离地球的时候，这个地月系的运转比现在快多了，那时1月与1日相等，而1日不过约与现在的3点钟相当。从日月分离以来，每月每日的时间都渐渐变长了。

近来，辰柏林（T. C. Chamberlin）等考究因潮汐的摩擦使地球旋转的问题，颇为精密。他们曾证明大约每50万年1天延长1分。这个数目与达氏所算出来的数目相差太远了。达氏主张的潮汐与地月转运学说，虽不完全，他所标出来的地球各期的年龄，虽不可靠，然而以他那样的苦心孤诣，用他那样数学的聪明才力，发挥成文，真是堂堂皇皇，在科学上永久有他的价值存在。

（本文原为《地球的年龄》一书的第二部分《纯粹根据天文的学说求地球的年龄》。本书选用时删去了图表，并改作此题。）

名师批注

科学家对于科学的假设从成立到被推翻的过程，再一次表明了他们对于科学的严谨态度。

名师点拨

对于地球的年龄，科学家们从天文学方面进行了大胆的假设与推断；对于同一个问题，不断地有新的根据、新的推断成立。这一个漫长的过程显示了科学家对于科学的严谨态度，而这种精神在生活中的其他方面，我们同样应该发扬光大。

好词佳句

☆考究　古今不变　苦心孤诣

☆他又从热学上着想，假定地球原来是一团热汁，自从冷却结壳以后，它的形状未曾变更。

☆这一时，这团液质自己摆动的时期恰与日潮的时期相同，于是因同摆的原因，摆幅大为增加，一部分的液质就凸出了很远，卒致脱离原来的那一团液质，成了它的卫星，这就是月球。

趣味思考

科学家通过地球旋转的变化证实了什么？从它的转动与潮汐之间的关系，又有了什么结论？

天文理论说地球年龄

名师带你读

地球是如何自转的？春分和秋分是怎么回事？地球上的气候又和什么有关系呢？

名师批注

总起句。一句话引出下文对地球常识的介绍。

在讨论这个方法以前，我们应知道几个天文学上的名词。

地球顺着一定的方向，从西到东，每日自转一次，它这样旋转所依的轴，名曰地轴。地轴的两端，名曰南北极。今设想一平面，与地轴成直角，又经过地球的中心，这个平面与地面交切成圆形，名曰赤道；与"天球"交切所成的圆，名曰天球赤道。天球赤道与地球赤道既同在这一个平面上，所以那个平面统名曰赤道平面。地球一年绕日一周，它的轨道略成椭圆形。太阳在这椭圆的长轴上，但不在它的中央。长轴被太阳分为长短不等的两段，长段与地球的轨道的交点名曰远日点，短段与地球轨道的交点名曰近日点。太阳每年穿过赤道平面两次。由赤道平面以北到赤道平面以南，它非经过赤道平面不可，那个时候，名曰秋分。由赤道平面以南到赤道平面以北，又非经过赤道平面不可，那个时候，名曰春分。当春分的时候，由地球中心经过太阳的中心作一直线向空中延长，与天球相交的一点，名曰白羊宫（Aries）的起点。昔日这一点在白羊宫星宿里，现在在双鱼宫（Pisces）星宿里，所以每年春分秋分时，地球在它轨道上的位置稍稍不同。逐年白羊宫的起点的迁移，名曰春秋的推移（Precession of equinoxes）。在公元前134年，喜帕卡斯（Hipparchus）已经发现这件事实。牛顿证明春秋之所以推移，是地球绕着斜轴旋转的结果，我们也可说是日月及行星推移的结果。春分秋分既然渐渐推移，地轴当然是随之迁向，所以北极星的职守，不是万世一系的。现在当这个北极星的是小熊星（Ursae Minoris），它并不在地轴的延长线上。

拉普拉斯（Laplace）曾确定了一件事实，那就是地球受其他行星的牵扰，其轨道的扁度按期略有增减，有时较扁，有时与圆形相去不远。但是据开普勒（Kepler）的定律，行星的周期，与它们轨道的长轴密切相关，二者之中，如有一项变更，其余一项，不能不变。又据拉格朗日（Lagrange）的学说，行星的牵扰，决不能永久使地球轨道的长轴变更，所以地球的轨道，即令变更，其变更之量必小，而其每年运行所要的时间，概而言之，可谓不变。

阿得马（Adhemar）首创地球轨道的扁度变更与地上气候有关之说。勒维烈（Leverrier）又表示用数学的方法，可求出过去或将来数百万年内，任何时候地球轨道的扁率。其后克洛尔（Croll）发挥这个学说甚详，并用勒氏所立的公式，算出过去300万年内地球轨道的扁度最大及最小的时期。

一直到现在，我们说的都是天上的话，这些话在地上果然应验了吗？地球的过去时代果然有冰期循环叠见吗？如若地质时代果然有若干个冰期，那么，我们也可用这种天文学上的理论来定地球各冰期到现今的年代，这件事我

名师批注

用反问句，引出下文地质学家对此事件的印证。

们不能不问地质学家。

天文学家这场话，好像是应验了。地质学家曾在世界上各处发现昔日冰川移动的遗痕。遗痕最显著的就是冰川之旁、冰川之底、冰川之前往往有乱石泥土，或成长堤形，或散漫而无定形。石块之中，往往有极大极重的，来自数千百里之遥，寻常河流的力量，决不能运送那样大的石块到那样远的地方。又由冰川运送的石块，常有一面极平滑，而其余各面，则棱角峭立，平滑的一面，又常有摩擦的痕迹。冰川经过的地方，若犹未十分受侵蚀剥削，另有一种风景。比方较高的山岭，每分两部，上部嵯峨，而下部则极圆滑。谷每成 U 字形，间或有丘墟罗列，多带圆长的形状。而露岩石的地方，又往往有摩擦的痕迹。诸如此类的现象，不一而足，这是专门的地质学家的事，我们现在不用管它。

知识链接

第四期：即为现时说的第四纪。

在最近的地质时代，那就是第四期的初期，也可说是初有人不久的时候，地球上的气候很冷。冰川冰海，到处流溢。当最冷的时候，北欧全体，都在一片琉璃之下，浩荡数千万里，南到阿尔卑斯、高加索一带，中连中亚诸山脉，都是积雪皑皑，气象凛冽。而在北美方面，亦有浩大的冰川流徙：一支由拉布拉多（Labrador）沿大西洋岸南进；一支由基瓦廷（keewatin）地方，向哈得孙（Hudson）湾流注；一支由科迪勒拉山系（Cordilleras）沿太平洋岸进行。同时南半球也是一个冰雪漫天的世界，至今南澳、新西兰、安第斯山脉（Andes）以及智利等地，都有遗迹。甚至热带地方，如非洲中部有名的高峰乞力马扎罗(Kilimanjaro)的雪线，在第四期的初期，也是要比现在低5000多英尺。

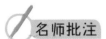 **名师批注**

第四纪的初期，世界多处都有冰川。

由第四期再往古代找去，没有发现冰川的遗痕。一直到古生代的后期，那就是石炭纪（Permo-Carbonifero）的中叶，在大洋洲、印度、非洲、南美都有冰川流行的事。再往古代找去，又有许多很长的地质时代，未曾留下冰川的遗迹。到了肇生世的初期，在中国长江中部、挪威、加拿大、大洋洲等地，又有冰川现象发生。长此以往，地层上所载的地球的历史，到处都是极其模糊，我们再没有得到确实的冰川流行的遗迹。

（此文为《地球的年龄》一书的第三章《根据天文学上的理论及地质学上的事实求地球的年龄》的前半部分节选，题目为编者所加。）

名师点拨

本文对简单的地球常识进行了介绍，并阐述了地球轨道的扁度对地球气候的影响。天文学家推断地球上存在冰期，并通过地质学家掌握的证据证明了，可见科学是无分界、相贯通的。

好词佳句

☆牵扯　嵯峨　琉璃　积雪皑皑　凛冽

☆当最冷的时候，北欧全体，都在一片琉璃之下，浩荡数千万里，南到阿尔卑斯、高加索一带，中连中亚诸山脉，都是积雪皑皑，气象凛冽。

趣味思考

地球轨道的扁度变更与地球上的气候有着怎样的联系？地质学家是通过什么来证明地球冰期的存在的？

地质事实说地球年龄

名师带你读

　　德基耳最为精密和最有趣味的方法是什么？沉积作用为我们留下了什么样的纪念品？

　　地质学家估算最近的冰期距现今的年限，共有几种方法。这几种方法之中，似乎以德基耳所用的最为精密而且最有趣味。在第四期的初期，挪威与瑞典全土，连波罗的海一带，都是埋在冰里，前已说过。后来北半球的气候渐渐温和，那个大冰块的南头，逐年往北方退缩。当其退缩的时候，每年留下纪念品，所谓纪念品，就是粗细相间的停积物。

　　当春夏的时候，冰头渐渐融解。其中所含的泥土沙砾，随着冰释而成的水向海里流去。粗的质料，比如沙砾，一到海边就要沉下。而较细的质料，悬在水中较久，春夏流水搅动的时候，至少有一部分极细的泥土不能沉淀。

到秋冬的时候，冰头冻了，水流止了，自然没有泥土沙砾流到海里来。于是乎水中所含的极细的泥土，也可渐渐沉下，造成一层极纯净的泥，覆于春夏时所停积的沙砾之上。到明年开春，冰又渐渐融解，海边停积的情形又如去年。所以每一年停积一层较粗的东西和一层较细的东西。年复一年，冰头渐往北方退缩，这样粗细相间的停积物，也随着冰头，渐向北方退缩，层上一层，好像屋上的瓦似的。

德氏费了许多苦功，从瑞典南部的斯堪尼亚（Scania）海岸数起，数了 3.5 万层泥，属于冰期的末造。由冰期以后，一直到今日，约计有 7000 层的停积。然则由冰头退抵斯堪尼亚到今天，一共经过了 1.2 万年。斯堪尼亚以南的停积，为波罗的海所掩盖，德氏的方法，不能适用。再南到德国的境界，这个方法也未曾试过。冰头往北方退缩的速度，前后仿佛不是一致，愈到北方，有退缩愈急的情形。比如在瑞典首都斯德哥尔摩（Stockholm），退缩的速度，比在斯堪尼亚已经快了 5 倍。按这样推想，冰头在斯堪尼亚以南的时候，比在斯堪尼亚应还要慢些，所以要退出与在斯堪尼亚相等的距离，恐怕差不多要 2500 年。那有名的地质学家索勒斯（Sollas），以这种议论为根据，暂定由最后的冰势最盛时代，到它退到瑞典南岸所费的年限为 5000 年，然则由最后冰期中冰势的全盛时代到现在，至少在 1.5 万年以上，实数大约在 1.7 万年。在大洋洲南部，地质学家用别种方法，求出当地自从最后冰期到现在所历的年数，也是 1.5 万—2 万年之间。两处的年数，无论是否偶然相合，总可算得一致。那么，我们应该承认这个数目有点价值。

现在我们看天文学家的数目与地质学家的数目相差何如？至少要差 6 万年。我们知道德氏的方法，是脚踏实地，他所得的数目，是比较可靠的。然则克氏的数目，我们不

名师批注

用简单的比喻句，将沉积作用形成的地表状态展现在我们面前。

名师批注

印证德氏的方法的精密性，并用数字说明它不是空穴来风，但是此方法并不适用。

能不丢下。况且按天文学的理论，地球不能南北两半球同时发生冰川现象，而在过去时代，我们所知道的三个冰期，都不限于南北一半球。更进一层说，假若开氏的理论是对的，那么，地球在过去的时代，不知已经过几十百回的冰期，何以地质学家在地球上各处找了数十百年，只发现三回冰期。如若说是冰期的遗迹没有保存，或者我们没有发现，这两句话未免太不顾地质学上的事实，也未免近于遁词。

原来地上的气候，与天文、地理、气象三项中许多的现象有密切的关系。这三项现象，寻常互相调剂，所以地上气候温和。若是三项合起步调，向一方面走，那就能使极端热或极端冷的气候发生。比方，现在的西北欧，若没有湾流的调剂，虽不成冰期，恐怕与冰期的情形也差不多了。总而言之，开氏一流天文学家所创的学说，如若不大加变更，大加修正，恐怕纯是纸上空谈，全以他们的理论为根据去定地球的年龄，正是所谓缘木求鱼的一段故事。

天文方面，既不得要领，我们现在就要问地质学家，看他们有什么妥当的方法。

（本文为《地球的年龄》一书第三章的后半部分节选，题目为编者所加。）

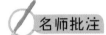 **名师批注**

用作比较和作假设的方法说明地上的气候与天文、地理、气象的密切关系。

名师点拨

从地质学方面来推测地球的年龄，虽然有德氏的最为精密和最有趣味的方法来测算，但是面对浩大的人力消耗却并不适用。而面对天文学家不同的推断方法，我们更应信任哪种呢？估计这是需要我们一

看看我们的地球

直不断探索的问题。

好词佳句

☆精密　脚踏实地　纸上空谈　缘木求鱼

☆年复一年，冰头渐往北方退缩，这样粗细相间的停积物，也随着冰头，渐向北方退缩，层上一层，好像屋上的瓦似的。

趣味思考

开氏的推断为什么不适用？

地球热的历史说地球年龄

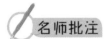

名师批注

拟人句。将太阳比拟成人，说明它对我们有很大的帮助。

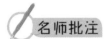

名师批注

从提出论断到质疑并推翻论断，再一次说明科学无分界，探索无止境。

地球上何以这样的暖？我们都知道是那太阳，从古至今，用它的热来接济我们。然则太阳里这样仿佛千古不变的热力是如何来的呢？这个问题，已经费了许多哲学家和物理学家的思索。他们的思想，从历史上看来，自然是极有趣味的，可惜我们没有工夫详细追究，现在只好说一个大概。

德国有名的哲学家莱布尼兹（Leibnitz）同康德（Kant），都以太阳为一团大火，它所发散的热，都是因燃烧而生的。自燃烧现象经化学家切实解释以后，这种说法，当然不能成立。俟后，迈尔（Mayer）观察摩擦可以生热，所以他想太阳的热也许是许多陨星常常向太阳里坠落的结果。但是据天文学家观察，太阳的周围，并非常常有星体坠落，假若往太阳里坠落的星体如是之多，太阳的质量必然渐渐增加，这都是与事实相反的。

赫尔姆霍兹（Helmholtz）以为太阳的热是由它自己收

缩发展出来的。太阳每年发散的热量，可由太阳的射热恒数（solar constant of radiation）求出。赫氏假定太阳当初是一团星云，逐渐收缩，到了今天，成一个球形，其中的质量极匀。他并算出太阳的直径每缩短 1‰ 所生的热量，可与它每年所失的热量的 2 万倍相当。赫氏据此算出太阳的年龄，大约在 2000 万年以下。如若地球是由太阳里分出来的，当然地球的年龄，比 2000 万年还少。开尔文对于这个问题的意见，也与赫氏相似，不过他相信太阳的密度愈至内部愈大。

据物理学家近来的研究，所有发射原质当发射之际，必发生热。又据分析日光的结果，我们早知道日中含有氦（He）质，所以我们敢断言太阳中必有发射原质。因此，有许多人怀疑发射作用为太阳发热的主因。据最近试验的结果，1000 万克的铀（U）质在"发射平衡"之下，每 1 点钟能生 77 卡（calorie）的热，而同量的钍（Th）所发的热量不过 26 卡。太阳每 1 点钟每 1 立方米所发散的热，平均约 300 卡，这些热量，假若都是由太阳内的发射原质（如铀、钍等）里发出来的，那每 1 立方米的太阳质中，应有 400 万克的铀。但是太阳平均每 1 立方米的质量只有 1.44×10^6 克，即令太阳的全体都是

铀做成的，由这种物质所生的热仅能抵挡它所消费的热量的 1/3。所以以发射物质发生的热为太阳现在唯一的热源，所差未免太多。

据阿耳希尼（Arrhenius）的意见，太阳外面的色圈（chromosphere），大概都是单一的物质集合而成的。它的温度，在 6000℃—7000℃。其下的映像圈（Photosphere）里的温度，或者高至9000℃。愈近太阳的中心，温度和压力愈高大。太阳平均的温度据阿氏的学说计算，比它外面色圈的温度应高 1000 倍。在这种情形之下，按沙特力厄（Le Chatelier）的原则推测，太阳中部，应有特别的化合物，时时冲到外部，到温度较低的地方爆裂，因之生热。我们用望远镜往往看见太阳的表面有凸起的地方，或者就是这种冲出的气流。这种情形，如果属实，那我们现在从热的方面，无法推算出太阳自有生以来所历的年代。

关于这个问题，近年法国物理学家佩兰（Perrin）利用原子论和相对论做了一番有趣的计算。佩氏因为天文学家断定许多星云都是由氢气组成的，所以假定化学家所谓的种种元素都是由氢气凝结而成的。氢的原子量是 1.008，而氦的原子量是 4.00，那由氢而变为氦，必要失掉若干质量，质量就是能力，这些能力当然都变成热。照这样计算，佩氏算出太阳的寿命为 10 万兆年，地球年龄的最大限度，应为这个数目的若干分之一。但是我们若要从热的方面求地球自身的年龄，还不能不从地球自身的热量着想。

我们都知道到地下愈深的地方温度愈高。地温的增加率随之多少有点不同，浅处的增加率与深处的增加率当然也不等。据各地方调查的结果，距地面不远的地方，平均每深 35 米温度增加 1℃。

从这种事实，又从热能力衰退（degradation of energy）的原则着想，开尔文根据帕松（Poisson）的假说，追溯地

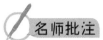

球从前必有一个时期，热度极高，而且全体的热度均一，后来它的热能力渐渐发散，所以表面结壳，失热愈多，结壳愈厚。

（本文为《地球的年龄》一书第六部分《据地球的热历史求它的年龄》一章的节选，题目为编者所加。）

名师点拨

本文通过哲学家与物理学家对太阳热量产生缘由的推断与验证，说明地球在某一时期热度是极高的，又由于热力的衰减才逐渐成为适宜人类生存的星球。

好词佳句

☆接济　千古不变　假定　追溯

☆我们都知道是那太阳，从古至今，用它的热来接济我们。

趣味思考

地球内部的温度有着怎样的变化规律？这些与太阳的热量是否有着联系呢？

读书与读自然书

名师 带你读

什么是书？什么是自然？书与自然书有着怎样的区别与联系？

名师批注

以设问句开篇，简单地介绍了书的一些知识，使本章所要说的内容更为具体明确。

什么是书？书就是好事的人用文字或特别的符号或兼用图画将天然的事物或著者的理想（幻想、妄想、滥想都包在其中）描写出来的一种东西。这个定义如若得当，我们无妨把现在世界上的书籍分作几类：

（甲）原著，内含许多著者独见的事实，或许多新理想新意见，或二者兼而有之。

（乙）集著，其中包罗各专家关于某某问题所搜集的事实，并对于同项问题所发表的意见，精华丛聚，配置有条，著者或参以己见，或不能以己见。

（丙）选著，摘录大著作精华，加以锻炼，不遗要点，不失真谛。

（丁）写著，拾取他人的唾余，敷衍成篇，或含糊塞责，或断章取义。窃著著者，名者书盗。假若秦皇再生，我们对于这种窃著书盗，似不必予以援助。各类的书籍既是如此不同，我们读书的人应该注意选择。

什么是自然？这个大千世界中，也可说是四面世界（Four dimensional world）中所有的事物都是自然书中的材料。这些材料最真实，它们的配置最适当。如若世界有美的事，这一大块文章，我们不能不承认它再美不过。可惜我们的机能有限，生命有限，不能把这一本大百科全书一气读完。如是学"科学方法"的问题发生，什么叫作科学的方法？那就是读自然书的方法。

书是死的，自然是活的。读书的功夫大半在记忆与思索（有人读书并不思索，我幼时读四子书就是最好的一个例子），读自然书种种机能非同时并用不可，而精确的观察尤为重要。读书是我和著者的交涉，读自然书是我和物的直接交涉。所以读书是间接的求学，读自然书乃是直接的求学。读书不过为引人求学的头一段功夫，到了能读自然书方算得真正读书。只知道书不知道自然的人名曰书呆子。

世界是一个整的，各部彼此都有密切的关系，我们硬

名师批注

用设问句的形式，向我们解释了"自然"的含义。

名师批注

一句话说明自然知识的浩瀚无边。

名师批注

关于书与自然书的论断，告诉人们不要死读书，在自然与实践中能学到更重要的知识。

把它分成若干部，是权宜的办法，是对自然没有加以公平的处理。大家不注意这种办法是权宜的，是假定的，所以嚷出许多科学上的争论。杰文斯（Jevons）说按期经济的恐慌源于天象，人都笑他，殊不知我们吃一杯茶已经牵动太阳倒没有人引以为怪。

我们笑腐儒读书，断章取义咸引为戒。今日科学家往往把他们的问题缩小到一定的范围，或把天然连贯的事物硬划作几部，以为把那个范围里的事物弄清楚了的时候他们的问题就完全解决了，这也未免在自然书中断章取义。这一类科学家的态度，我们不敢赞同。

我觉得我们读书总应竭我们五官的能力（五官以外还有认识的能力与否，我们现在还不知道）去读自然书，把寻常的读书当作读自然书的一个阶段。读自然书时我们不可忘却我们所读的一字一句（即一事一物）的意义，还是全节全篇的意义，否则就成了一个自然书呆子。

（本文发表于 1921 年 11 月 2 日的《北京大学日刊》。李四光研究地球科学，不仅把地球科学的分支学科诸如古生物学、岩石学、矿物学、构造地质学，以及气象学、天文学等整合在一起，而且还利用物理学、化学、数学等方法研究解决地球科学的问题，以求解决统一的自然科学问题。他是从科学的整体化、知识的统一性的战略高度着眼的。他在此时已觉察到当代科学技术高度分化且高度综合的发展特点。该文是对他这一治学思想所做的最好的注脚。）

名师点拨

文章对书与自然书进行了解释说明，并告诉我们读书很重要，但更为重要的是要读自然书。如果只是读书而不读自然书就会成为书呆子。

好词佳句

☆兼而有之　　断章取义

☆可惜我们的机能有限，生命有限，不能把这一本大百科全书一气读完。

☆书是死的，自然是活的。读书的功夫大半在记忆与思索（有人读书并不思索，我幼时读四子书就是最好的一个例子），读自然书种种机能非同时并用不可，而精确的观察尤为重要。读书是我和著者的交涉，读自然书是我和物的直接交涉。所以读书是间接的求学，读自然书乃是直接的求学。读书不过为引人求学的头一段功夫，到了能读自然书方算得真正读书。只知道书不知道自然的人名曰书呆子。

趣味思考

通过阅读，我们可以自省一下我们是在做读书的书呆子，还是在读自然书。我们该如何改变现有的读书习惯？大家不妨都说一说。

侏罗纪与中国地势

名师 带你读

侏罗纪是什么时期？它与中国地势有着怎样的关系？

名师批注

发现的淡水停积物之少与下文新生世的停积物之多形成对比。

侏罗纪以后，一直到今天，在中国所生的地层极不完整。就是那枯烈时代（又名白垩时代），欧洲的海里造了几千尺厚的石灰岩和白垩。然而中国除四川赤盆中多少有点淡水停积物被认为是这个时代之纪念以外，从未闻有何项枯烈纪的层岩。就现在我们的知识判断，中国本部决无那时的海洋停积物可寻。

至若新生世的停积物，在中国已经发现的共有几种。那就是：①含煤层的泥沙岩。辽河流域、朝阳抚顺等处的煤层有大部分属于这个时代。云南、内蒙古等处的也是属于这个时代。②红沙岩。这种沙岩不独遍布于长江各省，就是北至甘肃、内蒙古，南至广东，都有它的代表。这里边发现了许多哺乳动物的化石。中国人向来把这些化石当药品用，巧名之曰龙骨龙齿。据许洛塞（Schlosser）、孔庚（Koken）诸氏的研究，这些龙骨龙齿，大半都是"更新"期的生物遗骸，有时也有"最新"期的生物遗

骸。③瀚海层。分布于新疆、甘肃等各处。④湖沼停积。戴普拉曾在云南东部，安特生（Andersson）曾在山西南部（垣曲）遇见这种岩层。⑤汶河沙岩。勃拉克韦特曾遇见这种岩石于山东的汶河流域及河北的宁山盆地。⑥黄土。遍布于秦岭以北。除以上所举的几种停积物以外，还有大堆的火山喷发物，张家口外的火山岩流，就是最显著的。

自从侏罗纪的末期中国的地盘隆起后，中国已经成了一个大陆国，南北虽都有内海以及湖沼，然而都不甚深。地形平均甚高，所以侵蚀的力量甚烈。久之侏罗纪末期所造的山岳，如秦岭等，渐渐失却了崎岖之象，那时中国全国，可算得一个高原。一直到初新生的末期，中国还是一个高原，当然高原上有河流湖沼。

到新生世的中期——大约是"次新"的时代，世界又发生了地势大革命。欧洲产生了阿尔卑斯山脉，其影响及于全欧。亚洲产生了喜马拉雅，中国的本部亦产生了两条山脉，并驾齐驱。这两条山脉，就是我们今天所看见的秦

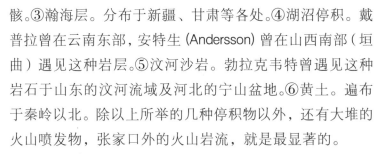

名师批注

中国甚至世界的大江大河和山脉在此次大革命中逐渐形成。

岭、南岭。因为这两条山脉的产生，几条大河随之产生。到这时候，黄河、长江、西江的流域已经大概定了，与现在差不多了。此次变动，大概是由南方来的，因为此次所造的山脉，大概都是由西至东。这回的革命影响之远大，绝不亚于泥盆纪初的喀道利呢大陆改革、煤纪中的赫辛尼大陆改造。

此次变动的结果，不仅是地面山川的改造，就是内部的地层也生了许多很大的裂缝；并且有许多地盘陷落。于是火山爆裂，岩汁迸出。内蒙古南部，展眼数千百里，都是一片焦灼之相；辽河以东、东南海岸各处，时时亦有岩汁火灰喷出。不独中国如斯，就是西北欧，由英国西北部一直到冰岛（Iceland），也是火焰不熄。地力的运行，可谓极一时之盛。

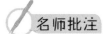

名师批注

上面的叙述再加上这一句总结，可见此时期地壳运动相当活跃。

经这次剧变之后，中国的风景迥不如故。北方除了几个浅湖以外，都是平原或高原；南方山环水曲，森林遍地。所以性喜原野的动物，如马类都栖息于北方；而性喜卑湿、森林的动物，如鹿豕之类，繁殖于南方。据许洛塞的研究，他们的祖宗也许是由北美来的。

地上的变更，不遑宁息，新造的高山渐被摧残。所生沙土，都转到附近的湖沼或海湾里去。于是红色沙岩发生。到了"更新"期的末期，世界的气候慢慢地变冷。北美、北欧等雨雪较多的地方，成了一个漫天漫地的冰雪世界。中国那时的气候如何，颇难断言。据我去年发现的几件事实推测起来，中国的气候也应是极冷，北部并有冰川流动，但是这个问题究竟如何，还待一番研究。

自从冰期以后，人类渐渐进步，在生物中称雄。因为中国北部的海渐渐枯竭，气候渐渐变干，风吹尘土，转扬几千百里。于是秦岭以北，大部分渐埋没于黄土之下。这种黄土，今天还在转移生长。

新生世中期大革命以后，中国的地势并不十分安定。中部的秦岭，恐怕还是继续地隆起。因为长江在四川盆地的东部向地势较高的地方流动，水只能往低处流，所以能穿过高地者，必是先有河流而后地面上升。河流侵蚀的速率，与地面上升的速率相等或较大，所以水能流过。其余还有许多同样的证据，表示地壳近世的变迁，现在我们不必一一详论。

总观几万万年的历史，我们现在知道我们中国这一块地皮，并不是生来就是这样的，至少经过几次大变革。我说大变革，仿佛给人一个骤起骤落的观念。这个观念是完全错了。我们要知道一两百万年，在地质学家心目中，只当寻常人心目中的一两天或一两月。地质学家的近世至少要与历史学家的"盘古"以前相当；所以就是过去时代有极快的变更，绝不是整个的山海忽然不见了。现在就有许多事实，表示我们现在所居的时代，就是一个地势大变革的时代，即此可想象过去大变革的情形如何。

我一场话虽然多少有点根据，然而不过给大家一个概念。可惜我们所知道的地层学上的事实太少，不能把我们的讨论弄得更有趣味，若是严格地讲起来，我们中国地势的历史还是黑暗的。要把这个过去黑暗的中国弄得大放光明，那是全赖我们大家将来的努力。

（本文为《中国地势变迁小史》的第六部分《侏罗纪以后中国的地势》一文的节选，题目为编者所加。）

名师批注

此句说明地质变革历史的漫长。

名师点拨

　　本文简单地对世界，特别是中国的地势形成进行了阐述，让我们明白地质变革是一个漫长时期，而非一朝一夕之功，这样更让我们对地球的年龄有了急于想探究的热情。

好词佳句

　　☆崎岖　　并驾齐驱　　迥不如故　　山环水曲

　　☆经这次剧变之后，中国的风景迥不如故。北方除了几个浅湖以外，都是平原或高原；南方山环水曲，森林遍地。

　　☆可惜我们所知道的地层学上的事实太少，不能把我们的讨论弄得更有趣味，若是严格地讲起来，我们中国地势的历史还是黑暗的。要把这个过去黑暗的中国弄得大放光明，那是全赖我们大家将来的努力。

趣味思考

　　新生世的停积物在中国是如何分布的？中国的地势经历了几次大的变革才形成了今日的地势特征？

地球之形状

名师 带你读

　　地球的形状是什么样的？古人是如何来判定地球形状的？

　　昔日人类智识幼稚之时，咸以为地为平形，天覆其上，四海寰其周，天圆地方之说，大约由是以起。巴比伦及希伯来之谈天者，皆主张与此类似之说。诗人荷马（Homer）亦道及"瀛寰"，其信地为平形，大海寰之，似无可疑。及人类智识渐渐进步，观察渐渐锐敏，乃逐渐识破地平之说与日常经验大相凿枘。如人由南往北，或由北往南，见北极星宿迁移高度；又如船舶之向大洋中进行者，于"海天相接"之处，逐渐落于水平线下，终至不可睹。其他尚有种种现象，皆足与人以地球之概念。

　　首倡地形如球之说者，似为毕达哥拉斯（Pythagoras）。其后经亚里士多德（Aristotle）多方论证，地球之说，始能成立。亚氏复引数学家计算之结果，谓地球之周，约长40万司塔底亚（即4.6万英里），然当时信之者固寥寥也。

　　纪元前250年时，埃及学者耶拉脱士亭始计划一种方法，以实测地球之形状，其结果虽不精确，而其方法则传

名师批注

　　古时候人们信奉天圆地方之说。

名师批注

　　天圆地方之说的建立遇到了很多的困难。虽然最终人们在事实面前还是不得不低头，但相信的人仍是少数。

至今日，测地家咸袭用之。

依重力之法则及远心力之关系，牛顿断定地球应成扁球之状，扁球之短轴即旋转轴，赤道一带稍形隆起，其长轴与短轴之比应为230：229。惠更斯（Huygens）亦依重力之关系，推测赤道之径稍大，两极之径稍小，其比应为579：578。1735年，法国科学院之科学专家为考查地球究竟是否成一扁球起见，特别组织两个考查队，一赴秘鲁，测量赤道附近每一度所夹之弧长，一赴波罗的海北部之波的尼亚（Bothnia）湾，测量近于北极方向每一度所夹之弧长；以两方所得之结果相比较，乃得证实地球之形确属一种扁球，或与扁球类似之形状，赤道一带隆起之度较大。

自兹以后，地球为一种扁形球体之说，学者虽认为已经证实，然究竟成何种扁形，则仍属疑问。雅可比（K. G. Jacobi）从动力学方面证明匀质流体旋转之时，其平衡之形状，不限于扁球，椭球之三轴成某一定之比，并在某一定旋转之时间者，若依其最短之轴旋转，亦可入于平衡之状态。地球为三轴椭球之说，由是而得力学上的根据。唯地球既非匀质之流体，则加氏之假定，似乎根本不能成立。况就现今大陆与海洋分配之情形而论，非独三轴椭球一见而知其不能与地球之表面符合，即任何数理上之形状，恐亦未能与地表实际之形状一致。

无已，吾人只可求一较为近似且较为简单之数理上的形式以为代表，是则舍扁球而外无他也。乃近日报传有某某三君，经数年研究之结果，否认地球为圆形，并否认自转公转等事实，得某某商会之助，制成新式时辰表一架以定时刻，一若为世界上一大发明者。三君能将其破天荒之学说及其制造公诸世乎？

（本文刊于1924年《太平洋》第四卷，第十号。）

名师点拨

地球的形状，在今天看来这样简单的问题，却经过了漫长的科学研究才最终被人类正确认知。古人通过自己的经验来断定地球的形状，随后科学家通过各种方法进行了实际的测算，并得出了地球是一个椭圆形球体的结论。

好词佳句

☆智识　海天相接

☆昔日人类智识幼稚之时，咸以为地为平形，天覆其上，四海寰其周，天圆地方之说，大约由是以起。

趣味思考

法国科学家是如何通过有证数据来印证地球的扁球之说的？

人类起源于中亚吗？

人类起源于哪里？为什么人们认为人类起源于中亚？有什么证据能说明吗？

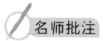

名师批注

通过发现的遗骸，科学家认为中亚是大多数高等动物的发祥地。此句总领全篇。

近几年来，因为美国纽约天然历史博物馆的第二次亚洲探险队，在内蒙古和天山北麓一带，发现了许多爬虫和哺乳动物的遗骸，并且证明北美古代的爬虫有许多是亚洲种的后裔，一班研究高等动物进化程序的人，愈觉得中亚是大多数高等动物发祥的地方。人类学者对于此种发现，尤觉饶有趣味。就是第三次亚洲探险队的领袖安竹士氏自身，也曾再三声明，说他们此行最大的目的，正是想证明这种假定，根本不错。他们还抱着极大的希望，去找人类始祖的遗骨。

名师批注

对亚洲探险队探险目的的猜测和所做贡献的肯定。

中国领土内的发掘事业，是不是应该烦外国人代劳，第三次亚洲探险队的目的，是不是纯粹限于科学事业，我们虽不敢断言，但是，我们可以说，他们的工作，对于哺乳动物和人类的发展史的确有不少的贡献。从他们过去的成绩，不难推测他们工作的情形和他们主要的目的。

提起人类起源的问题，除了无知无识者和一班宗教学家外，恐怕没有多少人不联想到猴子的身上去。可是猴子的种类很多，各种猴子与人相比差别的程度也不大相同。达尔文曾经说过，最高级的猴子与最低级的猴子相比，它们的差别，恐怕较最高级的猴子与最低级的人类的差别还要大。所以考查人类的起源，在一方面固然可以从人类自身追溯，而另一方面还少不了要查猴子进化的历史。在现在这个世界上生存的猴子，种类已经不少；还有许多种类，久已灭迹了。所以我们如若想研究猴子的发展史，

除动物学上的工作外，还得要借鉴古生物学。北京协和医学校的布拉克（D. Black）氏，最近在中国地质学会会志第四卷第二号上，发表了一篇文字，搜罗一切关于古代猴子分配的事实，并说明其如何如何分配的原因，颇得要领。凡属留心人类起源者，似乎不可不一读。

　　布拉克的讨论，共分三步。第一，由现今世界的地势总说猴子与猿人传播的情形。第二，从古代的地势观察它们传播的程序。第三，古亚洲大陆的形状组合对猴子的进化及其传播应有的影响。

　　在第一步的讨论中，布氏根据雷德卡（Lydekker）和马太（Matthew）的意见将赫胥黎所谓大北动物区域（Arctogaea）

名师批注

　　双重否定表肯定的意思，即"一定要读"。

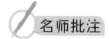

名师批注

对这些区域的同种动物进行了抽样调查研究。

和大南动物区域(Notogaea)分为五大区：①全北区(Holarctic)，包括北亚、中亚、欧洲全部、非洲北部、美国的大部分及墨西哥的北部；②远东区（Oriental），包括中国南部、印度及南洋群岛；③南非区（Ethiopian），包括非洲中部、南部及马达加斯加群岛；④澳大利亚区（Australian)；⑤新热区(Neotropical)，包括中美及南美全部。

现在生存于这些区域的猴子，以及在这些区域中已经发现的猴子化石，种类虽然不少，但其中最显著的分配，都有一个相同的系统。例如狐猴类（Prosimiae）中现在生存各种，几乎有一半都限于马达加斯加群岛，其余有若干分布于非洲大陆，若干分布于远东区的东南境。而在此两个区域生存的狐猴，不仅无同种，并且无同族，证明它们共同的祖宗，必定久已消灭。在全北区中，现在绝无狐猴。可是在中国北部以及北美、欧洲都有初级狐猴生存的遗迹。那些初级的狐猴，皆属于古新乃至初新时代。就进化的阶段讲，它们发育的程度，大致相等；而它们一部分散布于美洲的北部，一部分散布于欧洲，无怪乎马太、斯特苓诸氏相信此等猴类，必有共同的祖先，那些祖先发祥之地，应该在欧洲与北美间之某处，中亚细亚喜马拉雅山以北一带，恰合这种条件。

其次，布氏说及广鼻猴类（Platyrrhine）。这种猴类的分布，全限于新热区。它们与人类的起源无关，兹不必说。与人类有直接关系的猴子，乃是狭鼻猴类（Catarrhine）。其中猕猴（Cercopithecidae）、人猿（Simüdae）两族，与现今人类的发育最有关系。猕猴可分为两亚族。其一体格较小，又称为小猕猴宗（Semnopithecinae）。其他体格较大，可称为大猕猴宗（Cercopithecinae）。古代小猕猴的遗骸，曾经发现于波斯、希腊、意大利及埃及等处。它们都属于次新(Miocene)及更新(Pliocene)时代。现今的小猕猴，分为两支：一支无拇指，分布于非洲；一支所谓天狗猴（Nasalis）类，其分布限于远东区。俾路芝到红海一带，绝无小猕猴的踪迹。所以从小猕猴在古代和现在分布的情形看起来，布氏唯有假定中亚为其发祥之地，才可说明其连续传播的事实。从大猕猴在欧亚非三洲分配的情形推论，布氏得了同样的结案。

再次，说到人猿族。此族中现今存在者，有长臂猴（Gibbon）、大猩猩（Gorilla）、山般子（Anthroropithecus）、西猕猩猩（Simia）等类。其中大猩猩和山般子的分布，限于非洲赤道一带。长臂猴和西猕猩猩都在远东区的热带附近，如云南、安南、琼州，以及南洋群岛各处。这四类猴子，就其身体的构造而言，长臂猴最特别。大猩猩和山般子颇相类似。西猕猩猩与前说两类比较，相差颇大。所以布氏推测人猿族的祖宗必定发祥于非洲与远东区之间的地域；而且必定经过长时间的变化，它的子孙才发生今天体格上的差异。布氏这种断定，有许多初级人猿类的化石可以佐证；那些化石产于印度的北部和欧洲的南部。它们都属于少新和次新时代，其中最有力的佐证，是有许多事实，表示欧洲的初级人猿，比它们在印度的同类，离祖宗发祥之地较远。

在第一步讨论中，布氏最后提及各色人类的分布。其中有三点足以使我们注意：①一切现今的初级人种（Protomorph）、如日本之虾夷、非洲之学江（Fuegian）、南非洲之波脱久多（Botocudos）都分布在全北区的边陲，或其附近。②现今已经发现的猿人化石，在东方的要算爪哇人（Pithecanthropus erectus），在西方的要算皮尔道人（Eoanthropus Dowsoni）及海德伯人（Homo Heidelbergensis）。这两批人类几乎同时传播到欧亚大陆的两端。大概第四纪的初叶——但是严格地讲起来，爪哇人到爪哇的时期，少许在

名师批注

地域的不同造就了体格上的差异。

名师批注

用人类的分布来说明人类的传播仿佛都是由亚洲的中央向四面八方移动的。

先。皮尔道人和海德伯人到欧洲的时期，少许在后。③在爪哇曾经发现大洋洲人的祖先。这些事实仿佛都表示人类的传播，都是由亚洲的中央向四面八方移动的。

布氏立论，完全根据马太的意见。马太说："无论什么是使一个种族进化的原因，在那个种族发祥之地（也可说是他传播的中心），他的进步常常最快；并且在同地区因其环境的变更继续进步。每次进步，必致较高级的种族向外传播，仿佛波浪。所以在一定的时候，最高级的种族，离传播的中心最近。最守旧的种族，离传播中心最远。"根据这种意见去看以上所述各项事实，我们似乎不能不承认布氏的结论，那就是自第三期的初期以至近代人类发生之日，中亚细亚为大多数高级动物发祥之地。

布氏第二步的讨论，是利用葛利普氏最近所编的古代地势沿革图。葛氏的地图，是专从无脊椎动物的分配上研究得来的。然而他所表示的海陆变迁，恰与布氏理论上所要的条件相合。即此一端，愈觉人类起源中亚之说可靠。

布氏第三步立论，多为他个人的理想，待证实的点颇多。现在我们在此似乎不必详论。

（该文发表在《现代评论》第三卷，第78期，第4—7页，1926年。）

名师批注

双重否定表肯定的意思，告诉我们布氏结论的可信性。

名师点拨

本文用布氏的调查研究印证了人类起源于中亚，并随之传播到世界各地去。而他第二、三步的讨论也支撑起了第一步的研究。

好词佳句

☆借鉴　佐证　四面八方

☆无论什么是使一个种族进化的原因，在那个种族发祥之地（也可说是他传播的中心），他的进步常常最快；并且在同地区因其环境的变更继续进步。每次进步，必致较高级的种族向外传播，仿佛波浪。所以在一定的时候，最高级的种族，离传播的中心最近。最守旧的种族，离传播中心最远。

趣味思考

布氏第一步的讨论中对哪些地域的猴子进行了调查研究？他的研究得出了什么结论？

如何培养儿童对科学的兴趣

名师带你读

　　对于儿童，我们如何培养他们对科学的兴趣？学校与家庭应该如何积极地配合？

　　要培养儿童对科学的兴趣，首先要培养儿童对祖国、对劳动人民的热爱。也只有具有这种热爱的人，才能无私地去钻研科学，用科学的成就来发展祖国的生产能力，提高文化水平，从而把那些宝贵的成就贡献给全体人类，丰富他们的生活。这样才能充分地发挥无产阶级领导的社会中儿童的高贵品质。这种崇高的品质，不是资产阶级社会中从事儿童教育的人们所能彻底了解的。

科学对于自然犹如战争中的武器。要想战胜自然，我们必须掌握这种科学的武器。苏联伟大的生物学家米丘林说："我们不能等待大自然的赐予，我们要向它夺取。"为了使自然更驯服于人类的意志，我们必须从认识自然进到改造自然，而科学就必须在这样的过程中发挥作用。

应当使儿童从很幼小的时候起，就注意到自然的伟大。家庭和学校的教育应该培养儿童对自然的兴趣和改造自然的愿望。在儿童好奇探求自然界知识的时候，应该加以诱导，应当利用游戏和玩具来发展儿童对于自然的认识和创作的要求。譬如建筑的游戏，可以培养思考和想象力；沙土的游戏，可以初步发展改造世界的要求和愿望；飞机模型的创造，可以增加儿童对于航空机械的兴趣；而庭园种植花卉的劳动、大自然中的旅行、工厂的参观，都可以培养儿童对于大自然的爱，对于祖国的爱，对于科学的兴趣。有许多儿童从小就有将来做科学家的愿望，这是好的，但必须好好地培养。我们科学工作者们，应该帮助学校培养儿童对科学的兴趣。譬如与儿童会见，给他们讲科学发明的故事与新的科学成就，帮助儿童进行科学实验和创造活动等。

新中国的儿童，是完全有条件在科学上发展自己的才能的。为了获得科学的成就，我们还需更艰苦和更坚决地努力。苏联伟大的生物学家米丘林、伟大的生理学家巴甫洛夫一生的奋斗，对于这种必需的毅力，就提供了很好的榜样。伟大的无产阶级导师马克思、恩格斯、列宁的一生奋斗的事迹和伟大的理想，更辉煌地照耀着我们的儿童们光辉灿烂的前途，我为新中国幸福的儿童们欢呼。

（该文于 1952 年 5 月 31 日发表在《人民日报》上。文章虽然不长，但反映了李四光关心新中国新一代的成长。他十分重视对少年儿童的教育，指出首先应该是德育，接

名师批注

用打比方的说明方法，指出了科学的重要性。

名师批注

引用名人名言，说明我们要发挥积极主动性，来认识自然，从而造福人类。

名师批注

用举例子和作诠释的方法告诉我们，对儿童的教育要寓教于乐。

着是智育。文章反映了李四光对培养中国科技人才的长远目光。）

 **名师点拨**

儿童是祖国的未来，因此对他们的教育就显得尤为重要。为了使他们能够肩负起建设祖国未来的重任，我们要从小培养他们热爱自然、热爱科学的兴趣。文中对学校与家庭都提出了要求，并简单地阐述了激发孩子求知欲望的方法。

好词佳句

☆赐予　驯服

☆我们不能等待大自然的赐予，我们要向它夺取。

☆在儿童好奇探求自然界知识的时候，应该加以诱导，应当利用游戏和玩具来发展儿童对于自然的认识和创作的要求。

趣味思考

对儿童的教育，我们应该如何寓教于乐，以激发他们对科学探索的兴趣？"我"为什么要为新中国幸福的儿童们欢呼？

大地构造与石油沉积

名师 带你读

大地的构造是怎样的？石油是如何沉积而成的？

自从苏联古布金院士把石油地质科学发展成为一个专门科学之后，我们对石油地质的研究，就高度专业化了。我在这方面研究较少，今天我的发言，只能够从一般地质构造观点提出一些有关问题，希望这些问题的提出，对我们的石油勘探远景计划有些帮助。

大家知道，我对大地构造是有些特殊的看法，因此我要求专家和同志们给我一些耐心。

现在在提具体问题之前，我先提出两点，这两点对我们的石油勘探工作的方向，是有比较重要的关系。

第一，是沉积条件；第二，是构造条件。这两点当然不是彼此孤立的，而是相互联系的。为了方便起见，我把这两点分开来谈。

大家知道，对于石油生成的沉积条件，最重要的是需要一个比较长的时期，同时不是太深，也不是太浅的地槽区域，便于继续进行沉积和增大转变为石油的机会。因为需要不太深也不太浅的条件，所以我们要找大地槽的边缘

名师批注

总起句。后面将对此进行阐述。

地带和比较深的大陆盆地。对这些地域的周围，同时还要求比较适当的气候——适当的温度和湿度，以便利有机物的生长。这种气候的存在和动植物的生长，是可以从有机物质在岩层中，如化石的多少，表现出来的；如由煤、油页岩等表示出来，就是说从岩层中所含的有机物的多少，可以看出沉积的情况。以上是关于第一点的概略说明。

其次构造条件方面，应该从三方面考虑，即：①大型构造，如盆地、台地、地槽；②中型构造，如断层、节理、片理、小的断层和结构面等；③更小的构造，如颗粒的排列方式、孔隙存在的情况，包括用光学和其他适当的方法来检定岩石颗粒排列的方向——这是属于岩组学的领域，从这一方面得出的结果，往往对阐明流质在岩层中运动的方向有很大的帮助。这三方面的研究，是不应该孤立的，而是应该相辅相成的。

（该文原载《石油地质》，1955 年，第 16 期。在 20 世纪 50 年代，李四光运用地质力学理论指导了全国石油地质普查的战略选区工作。1954 年 2 月，他在石油管理总局做的题为《从大地构造看我国石油资源勘探的远景》的报告中，明确提出在新华夏系凹陷带找油的意见。他认为在中国东部展布的巨型的新华夏构造体系中，由一系列盆地组成的三条沉降带是有利的含油地区，尤其需要研究并尽快摸清第二沉降带即松辽—华北—江汉—北部湾带的情况。我国东部地区找油很快获得重大突破，相继找到大庆、胜利等大油田。新中国油气勘探的长期实践证明，这种战略性的指导是正确的。这在当时我国石油地质工作程度很低的情况下，是难能可贵的。本文选自报告的"引言"部分，题目为编者所加。）

名师批注

用分类别的说明方法让人们了解地质构造方面的知识。

名师点拨

本文介绍石油的形成不仅与气候等有关，更重要的是与所处的地质构造有着重要的联系。

 好词佳句

☆彼此孤立　相辅相成

☆我在这方面研究较少，今天我的发言，只能够从一般地质构造观点提出一些有关问题，希望这些问题的提出，对我们的石油勘探远景计划有些帮助。

 趣味思考

石油是如何形成的？它的形成与地质构造有怎样的联系？

看看我们的地球

名师 带你读

地球到底是怎样的一颗行星呢？地球的内部又是如何的样子呢？

地球是围绕太阳旋转的九大行星之一，它是一个离太阳不太远也不太近的行星。它的周围有一圈大气，这圈大气组成它的最外一层，就是气圈。在这层下面，就是有些地方是由岩石造成的大陆，大致占地球总面积的十分之三，也就是石圈的表面。其余的十分之七都是海洋，称为水圈。

知识链接

九大行星："九大行星"是在2006年8月24日国际天文学联合会大会召开之前的九颗行星的合称，在会议上经投票表决，冥王星被降为矮行星，从行星之列中除名。至此"九大行星"的说法已成为历史，取而代之的是"八大行星"。

水圈的底下，也都是石圈。不过，在大海底下的这一部分石圈的岩石，它的性质和大陆上露出的岩石的性质一般是不同的。大海底下的岩石重一些、黑一些，大陆上的岩石比较轻一些，一般颜色也淡一些。

石圈不是由不同性质的岩石规规矩矩造成的圈子，而是在地球出生和它存在的几十亿年的过程中，发生了多次的翻动，原来埋在深处的岩石，翻到地面上来了。这样我们才能直接看到曾经埋在地下深处的岩石，也不能使我们想象到石圈深处的岩石是什么样子。

随着科学不断地发展，人类对自然界的了解是越来越广泛和深入了，可是到现在为止，我们的眼睛所能钻进石圈的深度，顶多也不过十几千米。而地球的直径却有着12 000多千米呢！就是说，假定地球像一个大皮球那么大，那么，我们的眼睛所能直接和间接看到的一层就只有一张纸那么厚。再深些的地方究竟是什么样子，我们有没有什么办法去侦察呢？有。这就是靠由地震的各种震波给我们传送来的消息。不过，通过地震波获得有关地下情况的消息，只能帮助我们了解地下的物质的大概样子，不能像我们在地表所看见的岩石那么清楚。

地球深处的物质，和我们现在生活上的关系较少，和我们关系最密切的，还是石圈的最上一层。我们的老祖宗曾经用石头来制造石斧、石刀、石钻、石箭等从事劳动的工具。今天我们不再需要石器了，可是，我们现在种地或在工厂里、矿山里劳动所需的工具和日常需要的东西，仍然还要向石圈里要原料。只是随着人类的进步，向石圈索取这些原料的数量和种类越来越多了，并且向石圈探查和开采这些原料的工具和技术，也越来越进步了。

最近几十年来，从石圈中不断地发现了各种具有新的用途的原料。比如能够分裂并大量发热的放射性矿物，如

名师批注

石圈对人类的贡献，随着科技的发展显得越来越重要。

铀、钍等类，我们已经能够加以利用，例如用来开动机器、促进庄稼生长、治疗难治的疾病等。将来，人们还要利用原子能来推动各种机器和一切交通运输工具，要它们驯服地为我们的社会主义建设服务。

这样说来，石圈最上层能够给人类利用的各种好东西是不是永远取之不尽的呢？不是的。石圈上能够供给人类利用的各种矿物原料，正在一天天地少下去，而且总有一天要用完的。

那么怎么办呢？一条办法，是往石圈下部更深的地方要原料，这就要靠现代地球物理探矿、地球化学探矿和各种新技术部门的工作者们共同努力。另一条办法，就是继续找寻和利用新的物质和动力的来源。热就是便于利用的动力根源。比如近代科学家们已经接触到了的好些方面，包括太阳能、地球内部的巨大热库和热核反应热量的利用，甚至于有可能在星际航行成功以后，在月亮和其他星球上开发可能利用的物质和能源等。

关于太阳能和热核反应热量的利用，科学家们已经进行了较多的工作，也获得了初步的成就。对其他天体的探索研究，也进行了一系列的准备工作，并在最近几年中获得了一些重要的进展。有关利用地球内部热量的研究，虽然也早为科学家们注意，并且也已做了一些工作，但是到现在为止，还没有达到大规模利用地热的阶段。

人们早已知道，越往地球深处，温度越加增高，大约每往下降 33 米，温度就升高一摄氏度（应该指出，地球表面的热量主要是靠太阳送来的热）。就是说，地下的大量热量，正闲得发闷，焦急地盼望着人类及早利用它，让它也沾到一份为人类服务的光荣。

怎样才能达到这个目的呢？很明显，要靠现代数学、化学、物理学、天文学、地质学，以及其他科学技术部门

名师批注

举例子来说明我们从石圈中获得的原料。

名师批注

用设问句的形式以强调说明。

名师批注

热将成为新型能源服务于现代社会。

名师批注

以诙谐的语气来说明地下的热能也正等待着人类去开发与利用。

的共同努力。而在这一系列的努力中，一项重要而首先要解决的问题，就是要了解清楚地球内部物质的结构和它们存在的状况。

地球内部那么深，那样热，我们既然钻不进去，摸不着，看不见，也听不到，怎么能了解它呢？办法是有的。我们除了通过地球物理、地球化学等对地球的内部结构进行直接的探索研究以外，还可以通过各种间接的办法来对它进行研究。比如，我们可以发射火箭到其他天体去发生爆炸，通过远距离自动控制仪器的记录，可以得到有关那个天体内部结构的资料。有了这些资料，我们就可以进一步用比较研究的方法，了解地球内部的结构，从而为我们利用地球内部储存的大量热量提供可能。

在这些工作获得成就的同时，对现时仍然作为一个谜的有关地球起源的问题，也会逐渐得到解决。到现在为止，地球究竟是怎样来的，人们做了各种不同的猜测，各人有各人的说法，各人有各人的理由。在这许多的看法和说法中，主要的要算下述两种：一种说，地球是从太阳分裂出来的，原先它是一团灼热的熔体，后来经过长期的冷缩，固结成了现今具有坚硬外壳的地球。直到现在，它里边还保存着原有的大量热量。这种热量也还在继续不断地慢慢变冷。另一种说法，地球是由小粒的灰尘逐渐聚合固结起来形成的。他们说，地球本身的热量，是由于组成地球的物质中有一部分放射性物质，它们不断分裂而放出大量热量的结果。随着这种放射性物质不断地分裂，地球的温度，在现时可能渐渐增高，但到那些放射性物质消耗到一定程度的时候，就会逐渐变冷下去。

少年朋友们，从这里看来，到底谁长谁短，就得等你们将来成长为科学家的时候，再提出比我们这一代科学家更高明的意见。

名师批注

对少年朋友们提出了更高的期待。

我相信，等到你们成长为出色的科学家，和跟着你们学习的下一代和更下一代的年轻科学家们来到世界的时候，人们一定会掌握更丰富更确切的资料，也更广泛更深入地了解了地球本身和我们太阳系的过去和现在的状况。这样，你们就有可能对地球起源的问题，做出比较可靠的结论。

也可以相信，再经过多少年，人类必定会胜利地实现到星际去旅行的理想。那时候，一定会在其他天体上面发现许多新的生命和更多可以为我们利用的新的物质，人类活动的领域将空前地扩大，接触的新鲜事物也无穷无尽得多。这一切，都必定使人类的生活更加美好，使人类的聪明才智比现在不知要高多少倍，人类的寿命也会大大地延长，大家都能活到一百几十岁到两百岁或者更高的年龄。到那个时候，今天那些能够活到七八十岁的老人，在这些真正高龄的老爷爷眼前，也就像你们的教师在今天的老人前面一样要变成青年人了。

名师批注

对科技发展的憧憬。

少年朋友们，你们想想，这么大的变化，多有意思啊！

我们不能光是伸长脖子，窥测自然界奇妙的变化，我们还要努力学习，掌握那些变化的规律，推动科学更快地前进，来创造幸福无穷的新世界。

（该文是李四光给少年儿童写的一篇科学小品。文章深入浅出地介绍了地球的结构、地球在太阳系中的位置，以及关于地球起源的不同学说。刊在《科学家谈二十一世纪》一书中，由少年儿童出版社出版，1959 年 10 月。）

名师批注

收束全篇，并鼓励少年朋友们学习科学文化，为祖国的科学事业做出自己的贡献。

名师点拨

　　作者通过对地球的介绍，告诉人们地球内部拥有着大量的、可供人类开发利用的热能，但是由于现在科技的发展受到了一定的限制，从而将这一重任交给了少年朋友们，并以此来激发少年朋友们的学习热情。

好词佳句

　　☆取之不尽　　无穷无尽

　　☆就是说，假定地球像一个大皮球那么大，那么，我们的眼睛所能直接和间接看到的一层就只有一张纸那么厚。

　　☆将来，人们还要利用原子能来推动各种机器和一切交通运输工具，要它们驯服地为我们的社会主义建设服务。

　　☆就是说，地下的大量热量，正闲得发闷，焦急地盼望着人类及早利用它，让它也沾到一份为人类服务的光荣。

趣味思考

　　地球内部的温度有怎样的规律变化？对于地球的来源，人们都有怎样的推测呢？

从地球看宇宙

名师 带你读

　　我们了解我们所生活的地球吗？对于宇宙，我们又知道多少呢？从地球看宇宙，会有什么样的发现呢？

　　在宇宙空间中，分散着形形色色的天体和物质，都在运动，都在变化。就某种特定的形态而言，有的正在生长，有的达到了成熟的阶段，有的已经消逝。我们今天看到的宇宙，是其中每一团、每一点物质，在有关它们各自历史发展过程中的一个剖面的总和。这个总和，不仅具有空间的意义，而且具有时间的意义。之所以具有时间意义，是因为分布在宇宙空间的天体和物质，距我们有的比较近，有的很远很远，尽管光的速度很快，可是这些光传递到地球需要长短不等的时间。因此，我们同一时间，通过它们各自发出的辐射所获得的印象，是前前后后相差很远很远的时间的印象总合起来的一幅图像，在这个相差很远很远的时间里，不但恒星、星系等的形象有所变化，它们彼此的相对位置，在几十万年甚至几万年中，也大不相同。可以断定，今天我们所见到的天空的面貌，不是天空今天真正的面貌，有的已成过去，有些新生的东西，还要等待很

名师批注

　　说明宇宙是在不断运动的。总起下面要说的内容。

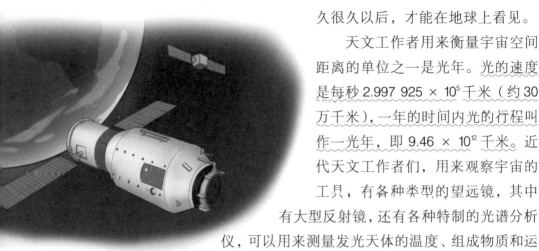

久很久以后，才能在地球上看见。

天文工作者用来衡量宇宙空间距离的单位之一是光年。光的速度是每秒 2.997 925 × 10⁵ 千米（约 30 万千米），一年的时间内光的行程叫作一光年，即 9.46×10^{12} 千米。近代天文工作者们，用来观察宇宙的工具，有各种类型的望远镜，其中有大型反射镜，还有各种特制的光谱分析仪，可以用来测量发光天体的温度、组成物质和运动等。最近 20 年来，射电望远镜发展很快，利用这种工具的设计和使用，已经成了一项专业，叫作射电天文。射电望远镜实际上并不是什么望远镜，而是装上了特殊形式天线的无线电波接收器。第二次世界大战的后期，已经有人利用雷达装置侦察来袭的飞机和导弹，现在的射电望远镜，就是在雷达接收装置的基础上发展起来的。射电望远镜能探测的电磁波范围，和光学望远镜不同，所以它不能代替光学望远镜所能做的工作。

天文工作者们使用这些工具进行探索宇宙物质形态和运动已经多年了，他们逐步摸索出来一些观测和研究方法，获得了一些比较可靠的成果。

最近，宇宙飞行技术的发展，对天体，特别是对我们太阳系成员的研究（包括行星、卫星和彗星），提供了新的途径，发挥了其他方法所不能起的作用。对于恒星的观测，也起了某种作用，因为在地球大气之外，能接收和分析那些被地球大气滤掉而不能到达地面的 X 射线、γ射线、远紫外辐射等。

［1969 年 5 月 19 日，毛主席请李四光去谈话，谈的是有关自然科学方面的问题。谈话结束时，毛主席提出要看

名师批注

用作诠释的方法向我们介绍光年的概念。

名师批注

射电望远镜给了我们很多帮助，但是并不能完全代替光学望远镜。

看看我们的地球

李四光写的书，并请他汇编一本国内外有关他研究范围的资料。李四光应允，并于1970年3月完成此书。该书引述了天文、地质、古生物等方面的有关资料，故定名为《天文、地质、古生物资料摘要（初稿）》。该书还阐述了地质科学在其发展过程中所存在的一些问题，并提出了一些见解。该书于1972年9月由科学出版社出版，此文为部分节选。〕

名师点拨

本文通过从地球看宇宙这个视角，告诉我们，因为我们距离绝大多数宇宙天体和物质太远，现在所看到的宇宙中的景象是已经发生过的景象，并介绍了在观测宇宙方面我们所取得的成就。

好词佳句

☆形形色色　消逝

☆在宇宙空间中，分散着形形色色的天体和物质，都在运动，都在变化。就某种特定的形态而言，有的正在生长，有的达到了成熟的阶段，有的已经消逝。

☆因此，我们同一时间，通过它们各自发出的辐射所获得的印象，是前前后后相差很远很远的时间的印象总合起来的一幅图像，在这个相差很远很远的时间里，不但恒星、星系等的形象有所变化，它们彼此的相对位置，在几十万年甚至几万年中，也大不相同。

趣味思考

光年是一种什么计量单位？我们是如何观测宇宙现象的？

53

地　壳

名师带你读

　　原始地球是什么状态的？地壳在地球的成长中是如何运动变化的呢？

名师批注

　　对原始地球状态的猜测，引出后面的阐述。

　　原始地球，有些人认为其表面有全球性的海洋覆盖，后来才划分为海陆；也有些人认为，所谓全球性海洋，纯属无稽之谈，自从地球形成以来，有了水就有了海陆的划分，海与陆，是原始地球固有的表面形态。这两种设想，都是空想，都无可靠的根据，也不值得议论。我们现在谈地壳的问题，只好从实际出发，从地球表面现实的状态出发，这个现实的状态，至少在二十几亿年以前，已经基本上形成了。自此以后的地球，只是在有了岩石壳、陆地、海洋、大气的基础上向前发展。

名师批注

　　地壳的形态是内部变化与外部变化共同作用的结果，引出下面的进一步阐述。

　　地质工作者所能直接观测的范围，到现在为止，只限于地球的表层。这个表层，只占地球表面极薄的一层。但是，构成这一薄层的物质和它结构的形式，却反映了地球在它的长期发展过程中，内部和外部各种变化正负两方面的总和。

　　内部变化，主要是建造性的，但有时既有建造作用，又有破坏作用，例如岩浆（即炽热的熔岩）上升，或并吞和熔化上层某些部分，继而又凝固；或侵入上层，破坏了它的完整性，同时又把它填充、胶结起来，而成为一个新的、更复杂的整体。外部变化，在大陆上，主要是破坏性的，而在海洋中，主要是建造性的。但有时与此相反，在大陆上某些地区，特别是在干旱和低洼地区，被破坏了的物质，积累起来而成为建造；在海洋中，由于海底潮流的作用，把已经形成的建造，部分地或全部冲毁，被潮流带到其他海域，再沉积下来。

所谓地球的表层，并没有明确的界线。概略地讲，就地质工作者直接观察的范围来说，在某些褶皱强烈的山岳地带，能观测的厚度不超过十几千米，而在另外一些地层平缓的平原地区，能直接看到的地层厚度那就很有限了。这样的厚度，比起地球的半径来说，是微不足道的。还必须指出，人们能直接观测的厚度，仅仅是地球表层的上部。究竟表层有多厚？也没有明确的界线，更谈不上地壳的厚度。但是，我们可以从这个能见到的表层中，找出与地球漫长的历史发展过程有关的资料。

很早以来，人们从地球的表层所得到的印象，逐渐形成了地壳的概念。随着地质科学的发展，地壳的概念逐渐变得比较明确了。但至今还很难指出全球地壳的厚度究竟有多厚，控制地壳形态的主要因素又是如何。现在，综合各方面的探索结果，来看我们今天对地壳的认识达到了什么程度。

[本文摘自《天文·地质·古生物资料摘要（初稿）·地壳的概念》第一部分，题目为编者所加。]

名师批注

地质学家能从地壳中发现地球漫长的历史发展过程。

名师点拨

地球上各地的地壳厚度并不完全相同，总体来说，大陆地壳较厚，大洋地壳较薄。地壳的形成，是地壳的内部与外部共同作用的结果。

好词佳句

☆无稽之谈　微不足道

☆还必须指出，人们能直接观测的厚度，仅仅是地球表层的上部。究竟表层有多厚？也没有明确的界线，更谈不上地壳的厚度。

趣味思考

地球表面的状态是在什么作用下形成的？我们对地壳的了解为什么会让我们发现地球发展的历史呢？

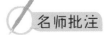

地　热

名师 带你读

　　你知道地热是什么吗？对于地热的研究能帮助我们测试地球的厚度吗？

　　有一种地球起源的概念，到现在还占着相当重要的统治地位。就是说地球原来是一团高温度的物质，后来这些物质逐渐冷却，在地球表面上结成壳子，被叫作地壳。这样形成的地壳，从表面到地球的深部，温度就必然越来越高。从钻探和开矿的经验看来，越到地下的深处，温度确实越来越高。但地温增加的情形各地不同，同在一地又随深浅而有不同。地温每增加一度，往下进入的深度名叫地温增加率，在亚洲大致40米上下增加1℃（我国大庆20米、房山50米），在欧洲绝大多

名师批注

　　用下定义的方法告诉我们地壳名字的得来。

数地区是28—36米增加1℃，在北美绝大多数地区为40—50米增加1℃。这个地温增加率，并不是往下一直不变的。假如，我们假定每深100米地温增加3℃，那么只要往下走40千米，地下温度就可到1200℃。现今，世界上各处火山喷出的岩流，即使岩流的熔点因压力的增加而有所变化，温度大都在1000℃以上、1200℃以下。据实验结果，玄武岩在40千米的深度下，它的熔点不过增加60℃。这个数字，看来对熔岩影响甚小，对上述的1000℃以上、1200℃以下的估计没有什么影响。根据地热的情况，地壳的厚度大约在35千米。

以上是从玄武岩的特点来推测地壳的厚度。现在从地球表面的热流和构成地壳各层岩石中所含放射性元素蜕变的发热量来探测一下地壳的厚度。地壳的上层，主要是由花岗岩之类的酸性岩石组成的；地壳的下层，主要是由玄武岩之类的基性岩石和超基性岩石组成的。

花岗岩之类的酸性岩石，平均每1 000 000克每年由铀发出的热量为2.3卡，由钍发出的热量为2.1卡，由钾发出的热量为0.5卡，即平均每1 000 000立方厘米的花岗岩类岩石每年发出13.7卡的热量；玄武岩之类基性岩石以及其下的超基性岩石，平均每1 000 000立方厘米每年发出3.8卡的热量，其中超基性岩石所发出的热量，占极小的比重。

地球表面的热流平均值为每秒每1平方厘米1.25×10^{-6}卡（即每年每1平方厘米40卡），除了特殊的地热异常地区或地带以外，这个数值，最小的不小于0.8×10^{-6}卡，最大的不大于2.24×10^{-6}卡。用平均热流的数值乘地球全部面积，即得每秒热流总量为$1.25 \times 510 \times 10^{10} \approx 64 \times 10^{12}$卡（＝每年$20 \times 10^{19}$卡），其中大陆方面占每秒$22 \times 10^{12}$卡，即每年$7 \times 10^{19}$卡。假定地壳上层的厚度为18千米，地壳下层厚度也是18千米，按上述地壳上下两层发生的热量计

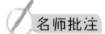

名师批注

根据地热可以判定地壳的厚度。

名师批注

阐述了构成地壳的上、下层的岩石的不同。

名师批注

用列数字的方法来说明岩石所发出的热量。

算，大陆壳发生的热量为每年 5.4 × 10^{19} 卡，差不多可以抵消它失去的热量的 80%；可是大洋方面的情况就大不相同，如果假定大洋底上面平均有 1 千米厚的花岗岩类岩石，其下有 5 千米厚的玄武岩（实际上在广大的太平洋底只有玄武岩），有人计算过，构成大洋底地壳的岩石发生的热量，抵消大洋底失去的热量不到 11%。

以上假定的大陆壳的厚度和海底地壳的厚度，当然是指平均的厚度，上述数据虽然不完全可靠，但也不是毫无根据，从地震观测所获得的大量事实（详后），与上述假定，大体上是相符合的。这样推测出来的地壳的厚度，与考虑玄武岩流所得出的厚度，也相差不大。

地球上自有生物以来，地面的平均温度，虽然有时发生较大的变化，如大冰期来临的时代，但至少最后三次大冰期并没有使比较高级的生物群灭亡，相反，有些新种族得到了特别的发展。这说明尽管地面平均温度下降了，但下降的幅度，不会太大。否则高级生物，很难继续生存下去，更谈不上有所发展。

按前述构成地壳上下两层岩石含放射性元素的特点和它们的厚度来估计，地壳中岩石的发热量，是不够抵消地球失掉的热量的。那么，只有使用地球固有的热量来代偿不够消耗的数额，或者在地球内部不断发生发热的变化，来补偿消耗，才能保持地球表面的温度，不至于不断下降；换句话说，在地热潜在储量的问题上，要地球"吃老本"，才能保持它的表面温度。这样一来，就会导致到一定的时候，地球会开始趋于衰老的结论。归根到底，地壳就有不断加厚的趋势。

地球表面的热流量＝地温梯度×岩石传热率

地温向下如何增加，决定于近地面的地温梯度和岩石传热率，而近地面的地温梯度与地表温度有密切的联系，

名师批注

用严谨的逻辑证明了地面温度下降的幅度不大。

岩石传热率基本上是不会变的，所以，如若地球表面温度没有显著的变化，地球表面的热流量也不会有显著的变化。然而事实上，地球表面的平均温度有变化，虽然变化不大，一般认为这种变化，主要是由太阳的辐射热决定的。

根据上述情况，我们可以说地球是一个庞大的热库，有源源不绝的热流。

地热与地温是有密切关系的。地下的等温面一般不是平面，而是随地区和地带起伏不同，同时等温面之间的间隔也是各处不等。在等温面隆起的地方，间隔较小的地方，可以说是热异常区。这种热异常区的存在，是比较普遍的，但是直到现在还没有开展普遍的调查。在这种热异常区，取出地下储藏的热能是比较容易的。事实上，我们在钻井中已经遇到大量的热水向外涌出，热水的温度从四五十度到一百多度不等，这样，从地下取出热水并不限于热异常区，在其他必要的地区，也可以同样进行勘测和开发。从地下冒出的热水，往往还含有有用的物质，如若能够有计划地加以调查研究，在适当地点加以开发和综合利用，对祖国的社会主义建设，肯定有很大的好处。同时，在这一方面的工作，我们将会站在世界的最前列。

［摘自《天文·地质·古生物资料摘要（初稿）》第六部分《地壳的概念》，题目为编者所加。］

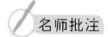

名师批注

用打比方的方法，将地球比喻成了一个热库。

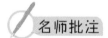

名师批注

对未来的美好憧憬。

名师点拨

我们可以通过地热来推算地壳的厚度。地球对于我们来说就是一个巨大的热库，如果我们能将这些热能合理地加以利用，对人类的发

展将是一个巨大的贡献。

☆冷却　蜕变　源源不绝

☆这说明尽管地面平均温度下降了，但下降的幅度，不会太大。否则高级生物，很难继续生存下去，更谈不上有所发展。

☆换句话说，在地热潜在储量的问题上，要地球"吃老本"，才能保持它的表面温度。

趣味思考

如何利用地热来测试地壳的厚度？

浅说地震

地震作为自然灾害能够提前预测吗？地应力是什么？地震预报有什么重要的作用呢？

名师批注

列数字，说明每年全球地震发生之多，如果不能准确预测地震，那将给人类造成巨大的损失。

名师批注

作诠释，对地震进行了简单的解释说明。

地震能不能预报？有人认为，地震是不能预报的，如果这样，我们做工作就没有意义了。这个看法是错误的。地震是可以预报的。因为，地震不是发生在天空或某一个星球上，而是发生在我们这个地球上，绝大多数发生在地壳里。一年全球大约发生地震500万次，其中95%是浅震，一般在地下5—20千米。虽然每隔几秒钟就有一次地震或同时有几次，但从历史的记录看，破坏性大以致带有毁灭性的地震，并不是在地球上平均分布，而是在地壳中某些地带集中分布。震源位置，绝大多数在某些地质构造带上，特别是在断裂带上。这些都是可以直接见到或感到的现象，也是大家所熟悉的事实。

可见，地震是与地质构造有密切关系的。地震，就是现今地壳运动的一种表现，也就是现代构造变动急剧地带所发生的破坏活动。这一点，历史资料可以证明，现今的地震活动也是这样。

地震与任何事物一样，它的发生不是偶然的，而是有一个过程。近年来，特别是从邢台地震工作的实践经验看，不管地震发生的根本原因是什么，不管哪一种或哪几种物理现象，对某一次地震的发生，起了主导作用，它总是要把它的能量转化为机械能，才能够发动震动。关键之点，在于地震之所以发生，可以肯定是由于地下岩层，在一定部位，突然破裂，岩层之所以破裂又必然有一股力量（机械的力量）在那里不断加强，直到超过了岩石在那里的对抗强度，而那股力量的加强，又必然有个积累的过程，问题就在这里。逐渐强化的那股地应力，可以按上述情况积累起来，通过破裂引起地震；也可以由于当地岩层结构软弱或者沿着已经存在的断裂，产生相应的蠕动；或者由于当地地块产生大面积、小幅度的升降或平移。在后两种情况下，积累的能量，可能逐渐释放了，那就不一定有有感地震发生。因此，可以说，在地震发生以前，在有关的地应力场中必然有个加强的过程，但地应力加强，不一定都是发生地震的前兆，这主要是由当地地质条件来决定的。

不管那一股力量是怎样引起的，它总离不开这个过程。这个过程的长短，我们现在还不知道，还有待在实践中探

✎ **名师批注**

对地震发生的原因进行简单的说明。

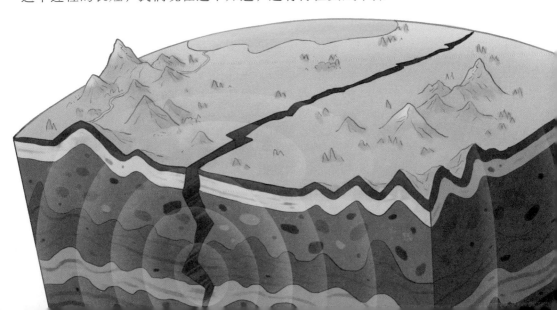

索，但我们可以说，这个变化是在破裂以前，而不是在它以后。因此，如果能抓住地震发生前的这个变化过程，是可以预报地震的。

可见，地震是由于地壳运动这个内因产生的。当然，也有外因，但不是起决定性作用的。所以，主要还是研究地球内部，具体地说，就是研究地壳的运动。在我看来，推动这种运动的力量，在岩石具有弹性的范围内，它是会在一定的过程中逐步加强，以至于在构造比较脆弱的处所发生破坏，引起震动。这就是地震发生的原因和过程。解决地震预报的主要矛盾，看来就在这里。

这样，抓住地壳构造活动的地带，用不同的方法去测定这种力量集中、强化乃至释放的过程，并进一步从不同的途径去探索掀起这股力量的各种原因，看来是我们当前探索地震预报的主要任务。

地应力存不存在？我们一次又一次，在不同地点，通过解除地应力的办法，变革了地应力对岩石的作用的现实状况，不但直接地认识了地应力的存在和变化，而且证实了主应力，即最大主应力，以及它作用的方向，处处是水平的或接近水平的。从试验结果看，地应力是客观存在的，这一点不用怀疑。瑞典人哈斯特，他在一个砷矿的矿柱上做过试验，在某一特定点上的应力值，原来以为是垂直方向的应力大，后来证实水平方向应力比垂直方向的应力大500多倍，甚至有的大到1000倍。

构造地震之所以发生，主要是在于地壳构造运动。这种运动在岩层中所引起的地应力与岩层之间的矛盾，它们既对立又统一。地震就是这一矛盾激化所引起的结果。因此，研究地应力的变化、加强到突变的过程是解决地震预报的关键。抓不住地应力变化的过程，就很难预测地震是否会发生。

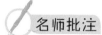
名师批注

说明地震主要是由于内因产生的，虽有外因的加入，但并不起主导作用。因此对预测地震来说，观测地壳的运动显得十分重要。

（《浅说地震》一文节选自《论地震》中的《地震是可以预报的》，地质出版社，1977 年 4 月，第 1—8 页。我国是一个多震的国家，地震现象较为普遍。李四光一直很重视地震预测预报工作，1953 年他亲自兼任中国科学院地震工作委员会主任，1955 年专门论述了中国西北部活动性构造体系与地震带分布的关系，特别是 1966 年邢台发生了强烈地震后，他极为焦虑。1969 年渤海发生地震，他不顾 80 岁高龄、身患危症，为保卫京津地区的安全，多次跋山涉水，深入房山、延庆、密云、三河等地区，调查地震地质现象，分析研究观察资料。在生命的最后几年里，他尽了最大的力量来研究地震预测预报。他提出的一些思路和方法，为地震预测预报工作指明了方向，奠定了基础。）

名师点拨

本文对地震发生的原因进行了阐述。为了预测地震的发生和减少损失，科学家们一直在努力。从本文中我们知道，要想很好地预测地震，就要加强对地应力的观测。

好词佳句

☆蠕动　前兆　探索

☆地震，就是现今地壳运动的一种表现，也就是现代构造变动急剧地带所发生的破坏活动。

趣味思考

地震是如何发生的？我们如何来预测地震呢？

燃料的问题

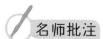

名师批注

开篇点题，申明燃料的重要性。

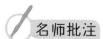

名师批注

排比反问句，加强语气，说明人们的日常生活离不开燃料。

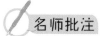

名师批注

举例子，说明燃料对国家的重要性。

　　自从人类知道用火以后，维持日常生活最重要的物质，除了食料，恐怕要算燃料。至文化幼稚的时代，所谓燃料者，只是树木草卉；燃料的用途，大部分也不过烧一烧食物。到了物质文明发达的今日，无论燃料的种类或用途，花样可多了。试想我们日常穿的、用的东西，有多少不是直接或间接靠火力造成的？试想这世界上有多少地方，假使冬天不生火，还可以居住的？从香水胰子说到飞机大炮，我们能举出多少件东西与燃料绝对没有关系？是的，什么叫作物质文明，它简直就是燃料里烧出来的。

　　这一件日常生活的必需物，这一种物质文明的老祖宗，久已成了世界上攘夺的目标、国际政策影射的焦点。法国人一定要抓住路尔可以说完全是为这样东西的缘故。日本人拼命掠夺我们的满洲，并且还要垂涎山东、山西，一部分的缘故，也在这里。燃料的问题，既是如此的重大，我们当此准备建设的时期，应有充分的考虑。

看看我们的地球

燃料的种类很多。现今通用的，就形式上说，有固质、液质、气质三项的区别；就实质上说，不过木材、煤炭、煤油三大宗。其余火酒、草、粪（中国北方就有地方烧粪）等类，比较起来，究竟分量很少，用途也极狭隘。实际上算不算燃料，都没有多大的关系。

现今中国的工业，说好一点，不过刚刚萌芽。所需要的燃料，大部分都是供家常的消耗。所谓家常的消耗，大部分就是烧菜、煮饭、点灯而已。这一类的消耗，看起来是很小的事。然而那无数的穷民，为了这一类的事，已经劳苦万状，有时候竟求之不得。乡下人向来把他们需要的东西，按紧急的程度，分了一个次序，叫作柴米油盐酱醋茶。他们偏偏要把柴搁在头一位。这是不是说柴有时候比米还重要呢！除了大荒年的时候，有钱总买得着米，然而在特别的地方，有钱竟买不着柴。米荒有人注意，柴荒从来没有人过问。这种奇怪的习惯，犹之乎有了厨房、不管茅厕一样的？

刚才说在特别的地方有钱买不着柴。其实我们要到乡下去看一看，就知道那样的事情，并不是很特别的。现在全国的矿业还是如此的幼稚，交通又是如此的不便。乡下人所用的柴，恐怕百分之九十九还不止是柴草。一生居住在都市的人们，也许不明白个中的实情，像我们乡下的穷人，才知道什么叫作"一粒的艰难，一草的辛苦"。费了九牛二虎之力，弄出两斗黄米，几升黑面，要是没法烧熟，教我们怎样好吃得下去。

然则要救济柴荒，有什么办法？一言以蔽之曰造森林。请看中国的土地如此之大，荒山荒野如此其多。除了那自生自灭的野草以外，还有什么东西长在山上？这岂不是证明中国人连栽几棵树的能力也没有吗？不错，这几年来，大家都有点觉悟，每逢清明的前后，全国的什么衙门、官

名师批注

举例子，说明燃料对于人们生活的重要性。

名师批注

用一种诙谐幽默的口吻强调了燃料的重要作用。

署、公共机关，美其名曰植树节，闹得不亦乐乎。究竟植树的成绩在哪里？像这样闹了 20 年的植树节，恐怕不会有两棵树长成的。

森林的培植，当然不仅仅为了供给燃料，要制造木材原料，要护山陵的崩泻，防止河流的淤塞，造成优美的风景，都非借森林的力量不可。在北方广漠的地方，如果能造成巨大的森林，竟能多少影响雨量，也是说不定的事。

森林的利益，谁都知道，用不着多说闲话。现在的问题是用什么方法，大规模地造林。更紧要的问题是：种了树以后，如何培植，如何保护。这自然是政府的责任？否，是政府应该请专家担负的责任。奖励造林，保护森林的法令，固然不可少；怎样造林，造什么林等技术方面的问题，也得及早研究，力大吹不响喇叭，石灰坑里养不活水仙花。不知道土壤的性质，不知道植物的特性，不管害虫的繁殖，不管植物生长的程序。瞎干，蛮干，十年八十年，也不会得着什么结果。

因为说起家用的燃料，我们就便说到森林。其实今天最重要的燃料，还是煤炭和煤油。

现今这个时代，还是煤铁时代。制造物质文明的原动

力，最大部分就是出在煤身上。那么，要想看中国工业将来的发展，第一步恐怕就得考虑中国究竟有多少煤存在地下。煤不是能生长的东西，用了就完了。如果我们想保护将来的工业，决不可把我们大好的煤田，随便糟蹋了。开煤矿是比较简而易举的工业，只要运输上有了办法，不愁它没有市场。所以假使我们要想从工业方面，实施中山先生的民生主义，头一件事，恐怕就免不掉建设铁路，开发几个大的煤田。英国的工业发达史，已经给我们一个很好的例证。

因为中国的矿业，还没有发达；又因为中国的矿产，还没有详细的调查，（近年来，虽然北京地质调查所有了相当调查的结果，大部分的人还不曾知道）一班人还在那里做梦，以为中国"地大物博"，矿产是取之不尽、用之不竭的。实际地讲起来，中国的金属矿产，除了特种的矿物外（如锑、钨等类），并不能算丰富，比较美国，那是差多了。唯有煤矿，无论就质的方面说，或就量的方面说，总算不错。就质的方面说：中国的无烟煤，差不多要占中国总煤量的四分之一，烟煤要占四分之三。就量的方面说：我们现在虽然不能说出一个很精确的数目，然而也曾有人估计一个大概。据民国十年，北京地质调查所的报告，各省地下储煤的总量，以一兆吨为单位，大致如下：

名师批注

用分类别的方法说明我国煤储量丰富。

直隶	二三七〇
奉天	九八五
热河	九三〇
察哈尔绥远	四六〇
山西	五八三〇
河南	一七六五
山东	六八五
安徽	二〇五

江苏	一九〇
江西	八一五
浙江	一二
湖北	一三
湖南	一六〇〇
四川	一五〇〇
陕西	一〇〇〇
甘肃	一〇〇〇
黑龙江	一六〇
吉林	一六〇
云南	一二〇〇
贵州	一三〇〇
福建	一五〇
广西	五〇〇
广东	三〇〇

总计二三一三〇兆吨

名师批注

用数字说明我国煤储量丰富。

以上的估计，未免失之太谨。要是宽一点计算，也许总数可以增一倍，那就是说中国储煤的总量，打宽一点，大概有4.5万兆吨。平常看起来，这个数目，可算得不小。

在工业还没有萌芽的今日的中国，每年消费的煤量不过20兆吨左右，这些煤，已经够我们用几千年。可是要和美国的总储煤量比较，全中国的储煤量，不过抵挡它的四分之一！这是许多人做梦都想不到的事。我们的工业发达起来的时候，煤的消费量自然也要增加。再过两三代人，中国最大的矿产——煤——难免不发生问题。

然而发生问题不发生问题，是将来的事。现在的问题，是如何爱惜它、如何利用它。

在前表中，我们有几件事应该注意：北方的煤量，比南方差不多多一倍。山西一省的煤量，差不多要占北方各省的总量三分之一。山西煤最好的出路是青岛。那么，很明白了，为什么日本人要和军阀勾结侵略山东，觊觎山西。在采煤的当地，比如山西的大同阳泉，河南的六河沟，一吨煤不过值两三元。但在上海、汉口等处，一吨煤有时涨到二三十元，平常也要十几元。这完全是运输不便的缘故。采煤事业，既然是比较轻而易举、靠得住有利的实业，将来铁路的布置，就应该以开发几个主要的煤田为计划中的一件重要的根据。

煤的用途很多，里面的副产物都很贵重。假定以前所说的话是对的，假定在我们发展工业计划中，采煤是应先举办的事业，当此准备建设的时期，我们对于全国的煤，就应该有一番彻底的调查和研究。如果来得及，设立一个专门研究煤的机关，纯粹从科学方面着手，也未尝不可。那样一来，全国各大学各专门学校一部分的毕业生，还愁没有事干吗？何必要请学化学的去做此事呢？

以上是关于煤方面的话题。摩托发明之后，世界上燃料的需要发生了新花样，摩托需用液质的燃料。航空事业的骤然发展和海军设备更新以后，摩托的总马力数也骤然增加。如是弱小民族所有的油田，又成了国际政治上一个

名师批注

举例子，说明煤炭价格的不同主要是由于运输费用的差别。

名师批注

说明煤不仅能够做燃料，同样还有其他的可用之处。

重要的争点。英国人死命地想抓住波斯的巴库，向来不关轻重的加利西亚，现在大家都往那里鼓眼挥拳，就是为了这个玩意。

中国的油田，到现在还没有好好地研究。我们只听说陕西的延长和四川的自流井一带，有若干油田或盐油井。但是出量颇不见佳。虽然民国三年的时候，美孚油行在陕北的延长、肤施、中部三县钻了7口3000尺以下的深井，然而结果并不甚好，他们花了300万元，干脆地走开了。但是美孚的失败，并不能证明中国没有油田可办。就道路的传说，从新疆北部的乌苏绥来迪化塔城一直到甘肃的玉门、敦煌等处都有出油的模样。苏俄近来一再派人到新疆去做"科学的考察"，说出来大大方方，骨子里恐怕是鬼鬼祟祟，为了油矿罢了。

中国西北方出油的希望虽然最大，然而还有许多其他地方并非没有希望。热河据说也有油田，四川的大平原也值得好好地研究，和"四川赤盆"地质上类似的地域也不少，都值得一番考察。不过油田的研究，到一定的步骤，非花一宗大资去钻探不可，在一贫如洗的中国，现在要像美孚那样，花掉两三百万不算一回事，恐怕没有一家私人的营业敢说那一句话。那么，这种的事业，只好用国家的力量去干。

有一种石头，名叫含油页岩。这种石头，经过破坏蒸馏以后，也可取出多少油质。现今世界上因为煤油的需要很大，而攒油的供给有限，有若干地方已经开采这种含油页岩，拉它来蒸馏。日本人在抚顺现在就是用他们海军的力量去干这件事。中国其他的地方，是不是出产此种岩石，这是要请教中国地质学家的。

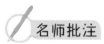

总而言之，燃料的问题，无论在日常生计上，或大规模的工业上，是再紧要不过的问题。我们不说建设就罢了，

要讲到建设，对于这一件劈头的问题，马上就得想法子解决。到了世界上的煤和煤油用尽了的时候，科学家也许会利用原子以内的能力，也许会直接利用太阳的热能，也许有其他的方法代替燃料。不过在现在这个时期，在今日的中国，说那一类的话，还早着呢。

［1914年2月，北洋政府与美孚石油公司合办"中美油矿事务所"，先后在今黄陵、延安、延长、铜川等地境内钻井7口，收效甚微，因而美孚石油公司对在陕北开发石油持悲观态度。美国斯坦福大学地质系教授艾·布克威尔德曾于1907年来中国做过地质调查，回国后写了《中国和西伯利亚的石油资源》一文（该文为1922年在纽约举行的美国矿冶工程师学会提交的论文，后发表在《美国采矿及冶金工程师学会会志》第68卷第2期上），他在论文中写道："从地质上考虑，中国之所以缺乏石油，是由于：①中国中生世、新生世缺乏海相沉积；②古生代大部分地层是不能生存石油的；③除西部和西北部某些地区外，几乎所有地质时代的岩石都遭受了强烈的褶皱、断裂及火成岩不同程度的侵入。"于是他断言："中国东南部找到石油的可能性不大；西南部找到石油的可能性更是遥远；西北部不会成为一个重要的油田；东北地区不会有大量的石油。中国绝不会生产大量的石油。"该文将美孚石油公司在陕北的失败，推而广之，说：总之，中国各地"都没有储藏有工业价值的石油的可能性"，"中国的石油储量极其贫瘠"。李四光针对该文及持这种意见者（如早期在中国工作过的其他一些石油地质学家，他们也都认为中国缺少形成巨大油藏的地质条件），于1928年在《现代评论》第7卷，第173期上发表《燃料的问题》一文，文中论述了燃料的重要性之外，着重指出："虽然民国三年的时候，美孚油行在陕北的延长、肤施、中部三县钻了7口3000尺以下的深井，然而结果并不甚好，他们花了300万元，干脆地走开了。但是美孚的失败，并不能证明中国没有油田可办……中国西北方出油的希望虽然最大，然而还有许多其他地方并非没有希望。热河据说也有油田，四川的大平原也值得好好地研究，和'四川赤盆'地质上类似的地域也不少，都值得一番考察。"同时驳斥了"中国贫油"的论点。］

名师点拨

本文主要向我们介绍了燃料的问题。随着科技的发展，燃料也从最初的木材发展到了今天的煤与石油。文章不仅说明了燃料对人们日常生活的重要性，还强调了燃料对工业等也有重要的作用。通过本文的学习，我们对我国煤炭储量有了更清晰的了解。

好词佳句

☆求之不得　九牛二虎之力　地大物博　觊觎　鬼鬼祟祟

☆乡下人所用的柴，恐怕百分之九十九还不止是柴草。一生居在都市的人们，也许不明白个中的实情，像我们乡下的穷人，才知道什么叫作"一粒的艰难，一草的辛苦"。

☆奖励造林，保护森林的法令，固然不可少；怎样造林，造什么林等技术方面的问题，也得及早研究，力大吹不响喇叭，石灰坑里养不活水仙花。

趣味思考

森林有哪些用途？我国煤炭的优势有哪些？是什么原因使得煤炭的价格有所不同？

现代繁华与炭

　　物质文明在中国有着如何的理解？热力对我们的生活真的有这么重要吗？

一、欧美"文化"的曲子

　　诸位同学，前天有几个朋友邀我到这里来讲演。我一想，这倒是极有趣味，也是极不容易的一件事。我有什么把握，可以在诸位面前大言不惭地讲经说法？今天时候不多，本不容说闲话。但是我们看世界上有许多人把世界上的事往往平常看过。甚至讲到学术，大家也就不知不觉守一种人云亦云的

态度。人类进步甚慢的大原因，恐怕就在这里。我们倘若想脱离这种积习、这种束缚，不可不先存一种气概。诸位苦心志，劳筋骨，到欧洲来求学，自然是抱着一种气概，令人佩服的。但是我所说的气概，与这个意义有点不同。我的用意，是要我们互相勉励、互相警戒，凡遇着新境象、新学说，切不可为它所支配，为它所奴隶。我们还要分析它，看它究竟是怎么一回事。既到学术场中，心只管细，胆只管大，拿着主脑（思想的法则），就是那冲烦错乱的世界，天经地义的学说，都不能吓倒我们。从前在中国有人问孔，就斥为异端。现在讲学，没有这回事情。诸位尽可放心。虽然，我们万不可故意与人家辩驳、与人家捣乱；或者逞一己的偏见，固执自豪；或者好作奇谈，沽名钓誉。那种狂谬的行为，非独不是勇猛精进的正道，而实在是一种精神病，已远出自由讲学的正轨；真正讲学的精神，大概用一句话可以概括，那就是为真理奋斗。

我方才含糊地说了"新境象"三个字。什么叫作新境象？从实地看来，我们现在所处的境遇，可算得是一个新境象。这境象与我们朝夕不离。所以我们切不可为它所蒙昧，我们应该冷眼观察它，并且详细地分析它。我曾听到许多人讲，我们中国人初到欧洲的时期，大概不免为这边的"物质文明"所牵动。中国人大半都说中国所缺的也就是这个"物质文明"。然则什么叫作文明？什么东西是造成这种"物质文明"最紧要的原料？今天我原来是想同诸位讨论第二个问题。但是第二个问题牵涉第一个。所以对于第一个问题也不能不约略地讲几句。

诸位都知道"物质文明"这四个字，在中国是一个新名词。讲点新学的人没有几个不把它当作一个口头禅用。至若说到这个名词所包括的东西，我想没有两个人意见完全相同。倘若一定要追求它的意义，大家不过糊糊涂涂地说那轮船、火车、飞机、大炮之类，就是"物质文明"的器具。这些器具动起来的时候，就成了一种"物质文明"的表现。我想一般欧美人对于"物质文明"的观念也不过如是。或者有人要把那人类社会的许多机关也加在"物质文明"里去。是否得当，我都不敢说。这样看来，"物质文明"这个名词，并没有一个一定不易的定义。

再进一层着想，物质两个字，是对应精神两个字说的。既说有物质文明，当然可说有精神文明。然则精神文明与物质文明的区别若何？有人说一切性情及意识的活动，都属于精神界，故感情及思想上的产物，如乐谱、著述之类，皆为精神文明的表现。试问这样情意的活动，能否超脱物质？又试问种种物质的东西及其活动，能否脱离无影无形的自然法则及生物的意识？我现在任怎样想，想不出一种绝对的是精神上的东西，并想不出一种绝对的是物质的东西。

物理学家都认为宇宙之间，无处不有一种弹性完全的东西，名叫"以太"（Aether）。某物理学家讲可见的物质，是以太中发生的不可见的事故。不可见的以太，倒是实在的一种东西。这是纯粹物理学上的问题。我们今天就是想讨论，也决讨论不了的。现在姑勿论物质究竟为何，精神物质两元的设想（Dualisme），总有许多地方想不通的。我们既不能决定精神的东西与物质的东西是否不即不离，又不敢遽然说它们是一种东西的两个面子，所以无法区别精神的文明与物质的文明。

说到文明，诸位还要许我讲几句闲话。我们初到巴黎来看这里的房子如此之大而且华丽，街道如此之宽而且清洁。天上飞的，地下跑的，瞬息万变。我们就吃了一惊。到了休息的日期，那大街上人山人海，衣冠文物，一齐都摆出来了，我们又吃了一惊。不独惊讶，而且心里不知不

名师批注

引起下文对物质文明和精神文明的关系的说明。

知识链接

以太：古希腊哲学家首先设想出来的一种媒质。

名师批注

作诠释，告诉我们宇宙中存在"以太"这种物质。

名师批注

物质文明与精神文明之间往往没有很明确的界限。

名师批注

用自己的亲身体验说明对于一些现象，我们要

抓住它内在的、本质的东西而不能只看它的表面。

知识链接

论理：王星拱译Logique 为逻辑。

名师批注

到此才点出题目中"现代繁华"的由来。

觉产生一种钦慕之感，以为欧洲的文化实在比中国胜多了。过了几天，也觉得没有什么了不得的，以为欧洲的文明，不过如是。这两种感想，都有一点道理，但都是极粗浅浮泛的。仔细一想，就知道他们的文化的根源，另在一个地方。在什么地方？在他们的脑袋子里。他们尊重论理(Logique)，严守秩序，勇于对人对物的组织等情形。比中国那无法无天，混闹一顿，是有点不同，是文明些。如此说来，与其称现代欧美的文化为物质文明，不若称之为广义机械的文明。至若由这种抽象的机械所生的种种现象，如各样的建造以及各种熙熙攘攘的情形，最好是另用一个名词代表，我想无妨称它为繁华。

我原来想把今天讨论的题目叫作"物质文明与炭"，但

是因为物质文明四个字的意义暧昧如前所述，所以不得已将题目改为"现代繁华与炭"。文明不文明，与我们今天没有关系。繁者对简而言，华者对实而言。由简趋繁，由实之华，仿佛是自然的趋势。枝节虽多，根本却是没有极大的变更。譬如有树，一入冬天，就枝叶零落，状如枯槁；但是春夏再至，茂盛蓬勃，又如去年，是可见树木繁华的状态，是一种生生不息的势力的表现。每遇有适宜的机会，如气候温和、肥料充足等条件，它就发泄出来了，条件不对，它又收藏如故。

名师批注

举例子，以树为例，更容易让人清晰明了。

然则什么是助长现今人类繁华的最有利的条件？人类用种种方法以谋繁华，正如那草木常具生生不息的势力，时时刻刻要求发展，这是人类自己的事，草木自己的事。如若外面的机缘不适，情形不对，任它们怎样想发展也是发不出来展不出来的。我方才说要同诸位讨论什么东西为造成"物质文明"最紧要的原料，倒不如说什么东西是现代繁华的最大的凭借？这个东西就是我们大家都知道的天然势力。天然势力的种类虽多，但是可以供人类役使的，至今我们只知有流行不已的热势力。人类所用的其余各样的天然势力，大概都是由热势力换来的。热势力为人类所做的事，实在不少。广而言之，如若没有热势力流行，地球上今天恐怕没有这种种生物，自然连人类也是没有。但是与我们现在的问题相关的，并不是那广大无边的热势力，乃是集注于一地的热势力。在一定的地方集注的热势力愈大，它发展出来的时候，情形愈是激烈。所以人类活动的程度，造出的繁华，当然是与他所操纵的热势力集中的程度成比例的。我们现在可以举出几件事实，大家就知道我们现在的生活，与这种集中的热势力是如何密切相关的。

知识链接

天然势力：现通称为"能"。

知识链接

热势力：热能。

试问我们这一座房子是什么东西造成的？最紧要的材料就是砖瓦木料玻璃等项。砖瓦玻璃都是用火烧成的。木

名师批注

过渡句，引出后文。

料是直接犹如火一般的太阳送来的光线养成的。然则没有如是的激烈热势力，我们这个房子就住不成了。诸位同我是如何到这里来的？坐轮船坐火车坐电车来的。轮船火车电车如何能动？因为有一架或几架中央的热机关。我这一件衣服的原料是如何做成的？是机器织成的。机器因为什么旋转？我想后面必有一架热机推它。所以我们如若不会用或不能用集中的天然热势力，今天这回事恐怕不会发生。请诸位再到巴黎繁华场中看看，无论是事是物恐怕没有几件不是直接或间接由热力造出来的。然则这样激烈的热力是由什么地方来的？一极小部分由煤油发生的，大部分是由煤炭发生的。

名师批注

举例子，说明我们的生活离不开热力，从而把话题引向煤炭。

现在我们就要问世界上的煤炭是不是有限的？是不是可以生长的？若是有限，若是不能生长，到了世界煤炭用完了那个时期，或者就是有也极不容易开采的那个时期，我们是不是可以发现一种势力的储蓄物或一种势力的渊源来代替煤炭？这些问题就是我们今天的问题。

至若煤油有极限了，由地质学上考究起来，我们确知世界上的煤油远不及煤炭的多。所以最要紧的问题还是在煤炭，不在煤油。现在内燃热机日盛一日。到了没有煤炭的日子，煤油一定早没有了。英国地质学家拉姆赛（Ramsay）早已警告英国人，他说如若英国每年消费煤炭的量将来不减，不过二三百年，英国三岛就没有炭可挖了。英国地下所藏的煤炭渐渐减少，工业渐渐困难的问题，杰文斯早已论过。岂独英国为然，哪一个所谓文明的国民不是用许多人拼命地挖炭，只有中国还有许多煤厂，不独没有用新法开采，并且没有一个详细的调查。所以我想今天借这个机会，把中国煤厂分布的情形，就我所知道的约略一述。

名师批注

对于资源我们要有一种危机感，否则后果将不堪设想。

二、中国煤厂分布的情形

说到地下煤层分布的情形，我们已经侵入地质学的范围。诸位中大约有没有学过地质学的，所以现在最好是先把地壳构成的情况略谈一谈。为什么不说地球而说地壳？因为关于地球结壳以前的历史，我们还没有确当不易的知识。康德（Kant）早已说到这个问题但不完备。自法国有名的天文学家拉普拉斯（Laplace）以星云（Nébuleuse）之说解释太阳系的由来以来，种种关于地球的由来的学说，逐渐演出。论到枝枝节节，虽是众口纷纷，莫衷一是。而关于大概的情形，大家的意见似乎相同。地球的初期无所谓球，大约是一团气汁。历时既久，这气汁自然地渐渐冷缩。它的表面结成硬壳，高低不平。壳上的空气中所含的气凝为水，于是海陆划分，于是种种地质学上的现象发生。地质学上所讲的地球史，顶古也不过是从那时候起。

地质学上的现象这几个字还要费解。我们都知道那做文章的人常用"坚如磐石""安如泰山"等成句。意若那磐石泰山是千古不变的。这个观念，根本地错了。仔细考察起来，我们就知道有许多天然的力来毁坏它们，来推移它们。它们朝夕受冰霜凝解热度变更的影响，渐渐疏解；又受种种化学的作用，渐渐腐坏，加以风雨的摧残，河流的冲击，无一时不受剥蚀，无一时不经历变迁，何安之有？那些已经破坏的岩石，或为块砾，或为泥沙，散在地面。久而久之，都为雨水河流携到湖海里去，一层一层地停积起来。据种种考察，现今海底停积物的成分粗细，与其所停积的地方有关系。在海滨停积的东西，大概沙砾居多；离海滨愈远，沙砾愈少，泥质愈多。而在大洋底的停积物，往往为石灰质或矽质。这种石灰质或矽质，大都是

名师批注

对地球的起源，人们一直没有确定的答案，大多只是推测而已，且有很多不同的声音。

海中的生物的遗骸造成的。这样看来，地表变迁的现象可分三项：曰剥蚀，曰转运，曰停积。陆地常遭剥蚀、潮流河流或风力专司转运、海底常主停积，这三项现象，自然是有连带的关系。

还有许多现象是由地里发生的，最明显的就是火山爆发、地震、地裂等事。这些剧烈的现象，是人人都知道的，更有缓慢的现象不容易观察。比方，在海滨往往有古代人工所造的泊船码头，今日远出海面；又时有森林的遗迹，今日淹没于海湾。此类的事实，不一而足。这种事实何以发生？诸位想想。那自然是因为海面与陆地做一种相差的运动，或是不一致的运动。我们有许多另外的凭据证明这些变迁并不是因为海面的升降，然则必是因为陆地的起跌。所以我们知道这个地皮是动摇不定的。只因动得极慢，所以人都不知不觉。是的呵！就是我们现在的地方，自地球上有生物以来，不知道已经沧桑几变。

以上所说的各种现象，都落在地质学的范围里，都是经了许多的经验，许多的观察分别出来的，既非想象，又非学说，主使这些现象的力，现在就在运行。我们既知道这些现象的原原本本再来由已知求未知，就现在推过去。这当然是考究地球历史的一个正当方法。但是过去的现象已经过去，我们有什么路径去寻它？我们因为能通一国的文字，所以能读一国的历史书，由那历史书上的种种记录，就得以知道那一国的历史。这件事含着两个紧要的条件：①先得要一部历史书。②那历史书中一页一页的图画文字要我们能懂的。现在我们已经有了一部大书，专写地球自结壳以来的历史。那书是什么？就是地壳。关于第一个条件，我们是已经满足了。但是说到第二个条件，就有种种的难题发生。地质学家关于地球的历史争来争去、说来说去，总离不了这些难题。想解决这些难题，我们不能不借用各

种科学公共的根本法则。那就是相似的原因必发生相似的结果，时与地没有关系。这个大法则，可算得是科学家的上帝。假使我们把现今地面各处发生的地质或天文学上的现象搜集起来，连贯起来，我们就不难定夺某某原因发生产生某某结果。北方冰川经过的地方（因）常有带痕迹的岩石（果）；河流经过的地方（因），常遗沙砾之类（果）；火山爆发的地方（因），常有喷出的岩片、岩灰或岩流等物（果）；气候炎热的地方（因），往往生长特别的动物植物，如鳄鱼、椰子之类（果），过去地面及地壳里的种种变迁，也留下种种结果。变迁的情形现虽不可见，而变迁的结果至少有一部分，幸而存在天然的博物馆中，记在天然的地质历史书中。如若前说的科学根本法则有效，我们应该可以准确推断现在因果相循之规律，按过去地面及地壳里所生长出种种结果的次序，追求过去地质现象继续的情形。如陵谷的变迁、海陆的转移、气候寒暑的更迭等事，都在能研究的范围以内。过去地面及地壳里所生出的种种结果是什么？那就是各样各层的岩石。这些岩石一层一层地倒在我们的脚下，正如那历史书一页一页地摆在我们的面前。

　　岩石可概分为三种：一曰递积岩亦名水成岩。这项岩石，是由粉细或块粒的物质一层一层地结合而成的。依其结构成分，定出种种名目，如石灰质的名叫石灰岩，与今日大洋里的停积物类似。泥质而能分成薄层的名叫页岩，由沙砾固结而成的名曰沙岩、砾岩，这些与今日的浅海或浅水里的停积物相似。二曰凝结岩亦名火成岩。这项岩石，大半都是由大小的晶片凑合而成的。与今日火山里喷出的岩流及冶炼炉中所出的渣子相类似，大概是极热的岩汁因冷却凝结而成的。三曰变形岩，前两项的岩石，有时一部分或全部变其原来的面目。如递积岩与火成岩相接之处往

名师批注

　　不同的地质原因引发的地质现象也会不同。

名师批注

　　用分类别的方法介绍了岩石的不同类别。

往呈结晶之象；又如地球上有许多极古的岩石，其结构往往错杂不堪。时带条纹，仿佛是曾历大热或巨压。最有趣的就是那第一层岩石中，常有生物的遗痕、遗像或化石。地质学家统称这样的东西为化石（Fossil）。比方现在我们由巴黎这个地方挖下去，在接近表面的地层中所发现的化石，有许多种族还生存于今日的海中。愈到下面的地层中，奇形怪状的生物遗像愈多。与现今世界上生存的生物相似的愈少。据这种生物群变更的情形及地层构造的情形，地质学家把地壳的历史分作若干段。中国的历史中有三皇、五帝、秦朝、汉朝、唐朝、明朝等时代的名目。地质历史中亦有许多时代的名目。这些名目之中有许多是全世界所公用的。现在我按着这些时代新古的次序，从上至下把它们的名目列举出来。

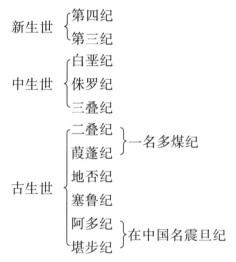

肇生世（在中国名五台—南口纪）

自有地球以来，不知经过了若干万万年。我们现在确实知道的有两件要紧的事：第一是以前所列举的时纪都是很长很古的。就生物的变迁一端着想，我们就知道这句话是不错的。在堪步纪以前的岩层中，世界各地除北美几处

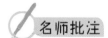
名师批注

对地质分期进行了介绍，而且

84

外，迄今未曾发现确实无疑的化石。到了堪步纪的时候，各项海洋生物"忽然"繁殖。到塞鲁纪的末叶，最初的有脊动物——鱼类始行出现。在二叠纪的时候，鸟类乃生。在中生世两栖类颇盛。在第三纪哺乳类散布全球。那哺乳类中最进步的猴类头脑渐渐进化，到了第三纪的末叶第四纪的初期，真正的人类——属于人科（Hominidae）族才发生，在人类历史学家看来，旧石器时代已经古不堪言。而在地质学家看来，人类初出现的那个时期，是最新最近的，如昨天一般。

第二是每一纪有一段岩层为之代表。由理想判断，那些岩层，层位愈下的所属的时代当然愈古。然则何以高山之巅，如中国的泰山、秦岭、南山，往往露极古的岩石？谈到这个问题我们不能不考究地层的构造。诸位在山边海岸，想曾见过露出的地层。那些地层，多半不是皱了折了，就是断了裂了。平平整整如一本书一页一页排列下去的是很少的：因为这样的情形，所以在实地勘查地质有许多难处。

现在我们把以前所说的话再来通盘一想，既说是一处的地层，可分作几段，各段中所含的生物的遗像及各段岩层的性质，往往绝不相同。然则这样的变迁是如何使然的？从前有一派学者说，这是因为过去的时代地面经历了几次剧变，如洪水滔天之类，把当时的生物都扑灭了，好像中国每朝的末造，必定发生许多流贼杀人放火。自英国查尔奈尔（C. Lyell）的均变（Uniformitarisme）之说以来，大多数的地质学者都认为剧变之说欠妥，均变之说较为得当。均变之说：曰过去各时代的地质变迁，大都是渐渐的，并不是猝然的。过去地壳上变更的情形与现今我们所目睹的情形，无论就种类而论，或程度而论，大概没有许多不同的地方，这样的说法，有很多事实为之证明，但是也有

告诉我们人类并不是随着地球的产生而出现的，人类存在的时间相较于地球的历史来说是非常短的。

名师批注

将地壳巨变比喻成朝代的更迭。

一个限制。比方肇生世的时候与现今比较，到底异同若何，实在是一个悬案，在肇生世以前更不待言。

地质学上的种种根本问题既已约略地点缀，现在可以上题说煤炭了。由岩石学上看来，煤炭是一种递积岩。因为它一层一层地夹在砂岩、页岩或石灰岩之中，就其构造而论，与其余的递积岩并没有大分别，其造成的原料是由古代植物来的。地球上各处的气候时时变更。各种植物每逢宜其生长的机会，它们就生长。气候愈适（如热湿等情况）生长愈盛且愈速。那些植物之中，自然有一部分还未到完全腐烂分解以前，被河流洗到湖沼海湾，埋没于泥沙之中。久而久之，全体炭化，成了我们今天所用的煤炭。有许多人以为煤炭在地下愈久，其质愈变纯净，这个观念是不对的。因为煤炭的成分大约是依原来的植物的种类为转移，比方烟煤永世不会变成无烟煤。照这样看来我们敢断言两件事：第一是地下的煤炭决不能生长，也绝不会变更。第二是煤炭的生成须特别的气候，特别的情形，并须极长的时期。即令现在有生煤的机会、生煤的地方，待煤成了的日子，不知人类已经变成了一种什么怪物？！

在中国共有五个地质时代造了煤炭，最古的为"地否纪"，属于这个时代的煤层很少。据莫诺说他曾在贵州西南方的兴义县附近见过。据我看来莫诺所获的化石，还不足以确定时代。所以他所说的地否纪煤层究竟是不是属于地否纪还待考究。其次为多煤纪。这一纪前后所造的煤比其余各纪都多。世界各处的煤层也以这一纪所造的为最多。中国北方的煤炭除辽河流域的附近，山西大同、直隶斋堂等地外大都属于此纪。扬子江中游下游各省以及浙江、福建、广东各处所出的煤，一大部分是属于此纪的。再次为三叠纪。川东、云贵所出的煤多属于此纪。再次为侏罗纪。属于此纪的煤层见于大同、斋堂、四川、扬子江中下游数

处。最后的造煤时代为第三纪。第三纪的煤炭仅见于满洲及云南蒙自等处。东北那有名的抚顺煤矿，就是最好的一个代表。

中国各省的煤矿，迄今还没有完全的调查。我们现在所知道的大都是由外国的矿业杂志或外国人在中国的地质调查记里得来的。以下所说的中国煤矿分配的情形，未免近于东鳞西爪、七零八落。数年前中国地质调查所的丁文江氏已着手调查。我们希望丁君不久就要把他调查的结果详细地报告出来。（后有删节）

三、将来利用天然势力的机会

这个题目太大，绝不是一口气可以说完的。现代的科学还在幼稚时代，对于这个问题并没有一个落实的解决。所以我们在此所讨论的难免不是举一漏百。就所举的方法，究竟有多少价值，还是疑问。这也不必管它，因为我们今天的目的并不是求几个完全的解决。我们的目的，第一是要使大家知道这个问题有研究的必要，第二有些什么路径可以研究下去。

地球上流行的天然势力，就我们现在所知道的，从其由来着想，可分作几项：①源于天体的运转者；②源于原子的爆裂者；③由太阳送来的势力。这三项之中，以第三项为最关紧要。

名师批注

将天然势力进行分类说明，引出下文的介绍。

先说第一项。地球每自转一周，海洋各处对于月球的地位，时时刻刻不同。每公转一周，对于太阳的地位，又时时刻刻不同。所以同一处的海水受日月的引力，时时不等，潮汐由是而生。但是月球距地球较太阳距地球近多了，引力的强弱是与两个物体相隔的距离的自乘为反比例的。所以潮汐的起落，与各处对于月球之地位相关较著。一年

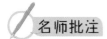
之中，有时月球引力之方向与太阳引力之方向相同，那个时候，潮汐起落之差最大。春潮之所以发生，就是因为那个道理。关于潮汐的起落，有一件事，往往为人所误解。那件事就是许多人都以为仅仅地球距月球最近的那一面的海水，被月球吸起所以潮汐上升。殊不知正与月球反对的那一面也有潮汐上升。这是什么道理？要追究这个道理，我们不能不追究引力的法则。大家都知道两个物体间引力的强弱是与两个物体的质量为正比例，与其间之距离之自乘为反比例。

地球之各部分对于月球之地位不同，那就是两者之间距离不同。距离既不同，所以各部分所受之引力强弱不同。离月球愈远的部分，它所受的引力愈小。所以假若地球全体是水做成的，那地球受了月球的引力，必然变成一个椭球。那椭球的长轴，必然与月球所在之方向大概一致。但地球的全体并不是水做成的。陆地虽受月球的引力，却是昂然不拔。而海水为液体，不得不应月球所在之方向，流来流去。所以潮汐之往来在海陆相接之地最显著。

潮汐之流动，就是一种动势力（Kinetic Energy）的发表。倘若在海峡海滨用适当的方法，设相宜的机关，这种潮流的势力，未始不可收拾储蓄，供人类的役使。这个机会，是略有一点科学知识的人都知道的。但是还没有一个实行的计划。这种研究，自然应落在水利工程学及土木工程学的范围里。

再说第二项。化学家经过了许多的试验，证明一切物质是由分子集合而成的。每一个分子，是由一种或数种原子以一定的数目，依一定的配置相依而成的。寻常所谓化学的变化，都不影响原子的构造。所以从化学上看来，原子可算得是不可复分的东西。但是近来物理化学家又发现了一种新物质以及与那种新物质相连的许多新现象。现今

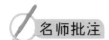

世界上的物理家仿佛是以全力来攻这个新题目。我们应该知道一个大概。

诸位想必知道各种物质之中，有一种能传电，亦有一种不能传电。比方五金之类以及许多含盐类的液质都能传电。而玻璃、木料、寻常的干空气之类都不能传电。假使我们现在取一玻璃管（比方长一尺径一寸），管的两端紧闭，空气不能自由出入。再嵌一金类之小板于管之一端内，又嵌一金类之导线于它端内。试使小板之端与高压电机（如感应电机之类）之阴极，其他端与阳极联络。管中必无何等现象可睹。如若设法将管中的空气抽去一大部分，使管中余剩的气极为稀薄，再将高压的电流联络于管的两端。那时候的情形便不同了。由阴极的小板发出一种紫色的"光线"。其前进之路与板面成直角。如有固体硬塞于那紫色光的路中，那固体就显种种的光彩，并发大热。有名的 X 光线，就是这个阴极发射出来的东西途中碰着白金板而反射出来的光线。由阴极发射出来的东西并且显机械的作用。譬如置极轻之叶轮于管中，那叶轮就要被它冲动而旋转，如水冲水车、风推风车一般。最值得注意的，那就是阴极发射线受磁力的影响。如若横置磁石于发射线之旁，那发射线就变弯了，与阴电流受了磁场的影响所生的结果相同。发射线又能透过极薄之铝叶，足见得它并不是光线。就前面说的种种性质看来，我们不能不怀疑它是一点一点带阴电的物质，以极大的速率由阴极射出来的。这个情形倘若是真的，我们不难用一种方法，求出那种带阴电的物质的质量与其所带之电量之比以及其射出之速率等项。

诸位，我们所要讨论的问题是势力的问题。我方才为什么冤枉地说了一顿原子的构造。这里有点缘由，并非单是因为那发射的势力是由原子以内发泄出来的，所以原子构造的问题与我们的问题有关系。实在是因为电子之说，

知识链接

速率：速度的大小。

无机物进化之说，近年来风动一世，我们中国的"旧派"对于一切新学说新理想的态度就是屏诸四夷，不闻不问。而所谓治新学者，往往为好奇心所鼓动，看着新东西就要说，听着新学说就相信，似乎未免近于率尔。所以我现在勉强说了几项紧要的事实以示那极玄妙的电子说是由极寻常的事实推出来的，最要紧的还是事实。那电子说成不成，还要待我们仔细地分析，什么为本，什么为末，万万不可弄错。

第三项可分做三个细目说：

（1）由太阳的热所生的动势力，河流与气流都是这种势力的表现。地面的水受太阳的热，变为蒸气，气腾于空中，减其热度，变为雨雪，落在地面的高处，受地球的引力，不能停留，于是河流发生。所以地面各处的河流可视为天然热机的一部分。在中国河流甚激的地方，古代已有人建设水车，利用此项势力以灌溉田地，但利用之方未曾十分进步。在欧美利用水力之地也极多，以美国的尼亚加拉、挪威等处为最著名。近闻瑞士也有大举地利用水力转运电车的计划。中国高山大川不少，可设水力机关的地方必定很多。研究机械工程的人，正宜留心这个题目。

空气的压力随时随地不匀。高压的气当然常往低压的地方走，所以生风。气压变更的原因极其复杂。我们今天没有工夫讨论。我们应知道的，第一是使空气流动的势力是由太阳来的。第二是风的势力可用风车等项机器弄到人类的手里来。但是风力时有时无，时强时弱，那是在人工操纵的范围以外。

（2）直接由太阳送来的热势力，由太阳送至地球的光热，一部分为空气所吸收，增其热度；一部分直达于地面。现今在热带的地方，如开罗（Cairo）附近，已有热机，直接利用太阳传来的热。用一架甚大的凹镜先收集太阳传来

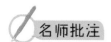
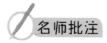

的热力于一处（即凹镜之焦点），再用那集中的热力运转寻常的热机，如汽机之类。此项直接用太阳的热的热机，尚在极幼稚的时代。从机械工程学上看起来，还有许多研究的余地。

以上所说的各项势力，除第二项（即原子以内的势力）外，其流行也，或囿于地，或厄于时。欲其应人类随地随时之需，不能不想出各种方法来储蓄它，来收敛它，使它易于运搬，易于对付。我们现今已发明许多收敛，储蓄势力的方法。那些方法可分为两类：第一类根据物质电离电合之性。蓄电池就是这类的东西。蓄电池中之物质，受外来电流之影响而生一种化学的变化。若撤去外来的电流，联络其两极，蓄电池就吐出电流，其中的物质渐变还原样。第二类根据于热化学的原则。比方有两种物质化合而成第三种物质。倘若其化合时吸收若干热量，其分解成原来的两种物质时，亦必吐出相等的热量，以人工造燃料的原理就在这里。将来制造燃料的方法进步，或者与碳化钙相类的东西渐渐就要出现。那些东西，就可借太阳直接送来的热势力，或风势力，或水势力造出来。换言之，我们就可把那厄于时囿于地的自然势力抓在手里，随我们的意思去分配它。

（3）缘生物所积收的热势力，寻常的动植物，大都是离了太阳的光热就不能生活。那畏阳光的生物，如许多微菌之类，也要借种种有机的物质才能生活。那些有机的物质，大概是从受阳光而生长的动植物里出来的。就是那深洋底的生物，虽直接受阳光的影响很少，但是我们没有凭据说它们的生活不间接受太阳的影响。地球上所有各种生物的生命，究竟与太阳里送来的势力有如何的关系，原来是一个很大的问题。现在姑且勿论。就我们日常的观察判断，太阳的光热与动植物的生命似乎有极密切的关系。所

名师批注

以人们所熟知的蓄电池为例，让人们更容易理解。

以我现在权且把缘生物所积收的热势力，也列在第三项势力的渊源里。

各种天然势力的储蓄物中，最先为人类所抓着的，不能说是现代生存的各种植物。不分其种类，不分其成分，拿着就烧，那是利用这种势力储蓄物的最粗陋的方法。进一步，就是把植物的躯干变成木炭。木炭燃烧时所发出的热，自然是比等量的木材燃烧时，所发出的热量较大而力较强。再进一步就是用破坏蒸馏法，由木材里分出种种有用的东西。木材的成分随其种类不同。还有许多有用的东西，我们现在不必计较。与我们现在的问题最有关系的就是木炭与酒精。大抵软质的木料多含胶质而少酒精，硬质的木料与之相反。现今制造家蒸馏木材的目的，大半不在取木炭而在取其余的副产物如酒精、醋质之类。

低洼之地，往往有腐烂的植物，如藓苔之属，与泥沙等质停积于一处而成泥炭。湖沼之中往往有微生物。其体虽小而其生长繁殖异常之快。硅藻等族是这类生物中最可注意的。由海底、河底、湖底挖起来的泥土中，有时含一种物质与煤油相似。那种物质，或者是由前说的那一类的微生物酝酿出来的。倘若生物化学家再详加考察，探悉那些生物生长的习惯，我们未始不可想出方法来繁殖它们，用它们的体质做我们的燃料。

将来比较有希望的，就是直接由太阳送来的势力以及缘生物所积收的势力。在热带地方，当然可设许多的凹镜收集太阳的热，用太阳的热就可制造种种燃料，如碳化钙之类。但是这两个办法也有许多难处。那太阳光线热线的强度，每日时时变更。因为这样的变更，供给的力量必不能匀，供给的力量不匀就不利于制造。偶有云雨，机器就要停止。这也是大不方便的一件事。况且镜面须大，造镜

名师批注

总起句，引出下文被人类用作燃料的植物。

名师批注

对人类未来利用热势力的憧憬以及担忧。

的材料，都是很贵的。说来说去，我们的希望还是落在生物身上，但是也不能不分孰轻孰重，煤炭一年减少一年。水中的微生物到底能不能为我们造出极多的燃料是一个问题。将来的答案难免不是一个"否"字。世界上人口日增，食料渐渐困难，用五谷之类制造燃料，恐怕不成问题。那么，最终的就是木材一项，世界上旷野之地充其量来培植森林，用尽科学的方法，将木材变为最经济的燃料。如造成酒精之类。到底能否代煤炭以供人类的要求，这个问题虽难解决，但是从木材生长的速率着想，我们很难抱乐观的态度。然则人类的繁华到了难以得到煤炭的时候，将要渐渐地凋零么？抑或在煤炭犹未用尽以前人类生活的状态，已经根本的变更了？

（本文是李四光刚结束在英国的学习，应北京大学校长蔡元培之聘准备回国之际，留法勤工俭学会邀请他去做报告，因此专程赴巴黎给那里的留学青年做的报告。1920 年 2 月 28 日发表在《太平洋》第 2 卷第 7 号上。为使广大读者都能阅读，我们在选编中删去了一部分他的专业论述。）

 名师点拨

　　本文通过对物质文明与精神文明的介绍引出现代繁华的概念，同时告诉我们物质文明与精神文明之间有时是很难界定的。文中用大量的篇幅对天然势力与热势力进行了介绍说明，阐述了煤炭作为不可再生资源在人类生活中的重要作用，并详细介绍了煤炭形成的过程与所需要的地质环境。随着科学的发展，人类也在研究与发现新的燃料能源。

好词佳句

　　☆大言不惭　沽名钓誉　瞬息万变　坚如磐石　安如泰山

　　☆至若由这种抽象的机械所生的种种现象，如各样的建造以及各种熙熙攘攘的情形，最好是另用一个名词代表，我想无妨称它为繁华。

☆繁者对简而言，华者对实而言。由简趋繁，由实之华，仿佛是自然的趋势。

☆那些东西，就可借太阳直接送来的热势力，或风势力，或水势力造出来。换言之，我们就可把那厄于时囿于地的自然势力抓在手里，随我们的意思去分配它。

趣味思考

物质与精神有着怎样的区别？煤炭是如何形成的？岩石主要有哪几类？

启蒙时代的地质论战

名师 带你读

　　关于地质，人们有哪些争论呢？他们各自的观点有没有依据呢？

　　地球是宇宙中一颗渺小的星体，是太阳系行星家族中一个壮年的成员，有丰富的多种物质，构成它外层的气、水、石三圈，对生命滋生和生物发展，具有其他行星所不及的特殊优越条件。

　　人类生活在地球上，在地球上从事生产劳动，要了解它的历史和现状，这是很自然的，也是有必要的。"地球上"这个词，从范围看，应该包括陆地、海洋和地球表面以下一定的深度，还有在我们地球表面以上的大气层。这层大气，也是地球上部的组成部分。人气的底部，与人类的生活息息不能分离，与地球表面所发生的变化，在很大范围内有密切的联系。人类在改造自然、改进生活的斗争中，一直在和地球的表层打交道。看来，有一种趋势，今后还要以更大的努力与大气层和地球深部不断地作斗争。关于大气层中各种问题的探索和解决，主要由气象工作者和天文工作者分别担任；地球表层和深部的探索工作，无

名师批注

　　概述了我们所生活的地球的状况。

疑属于地质工作的范围。

人类通过在地球上从事生产劳动，逐步对地球有所认识，那些认识，最初总是感性的。为了突破"必然王国"的束缚，进入"自由王国"，就首先需要掌握在上述范围内自然界不断发展的规律，才好总结自己的经验，从而把认识自然的水平提高。

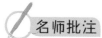
地质科学大体上是在这种要求的基础上发展起来的。历史的记载告诉我们，自古以来，就有些人注意到构成地球表面那些有形的东西，不是永远"安如泰山""坚如磐石"，而是在不断发生变化。这在中国恐怕传说最早，如《神仙传》中就提出过"沧海变为桑田"。在古希腊，公元前500年，哲罗芬就注意到现今海水里的螺蚌等类，在莫尔他岛上夹在远远高出海面的崖石中。其他，如宋代（12世纪）的沈括、朱熹，意大利的达·芬奇（15—16世纪）对海陆的变化，都提出了比较更具体的地质现象作证。所有这些，都是一些粗略的概念，而没有成为地质科学开始发展的基础。

近代地质学，可以说是从西北欧那个小天地之中开始发展起来的。当地当时极顽固的宗教势力，对自然科学，首先是地质科学，跟着就是生物进化论，是不共戴天的。当时的宗教尽管经过了一度改革，那些宗教权威还是死死抱着一种传统的迷信来迷惑广大的人民群众，在意识形态上、在政治上巩固他们的统治地位。他们说，世界是公元前4004年，上帝用了6天的工夫一手创造出来的。而地质学家和古生物学家，发现了愈来愈多的事实，与上述宗教的迷信是格格不入的。不仅格格不入，而且科学家的观点是为宗教所不允许的。这样，就发生了科学，首先是地质学与宗教的一场你死我活的斗争。随后，资本主义世界中，宗教势力有悠久的根深蒂固的传统，到了今天20世纪的

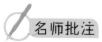

时候，在西方，宗教势力的影响并没有肃清。

当地质学开始发展的时候，对地质现象进行探索的主要任务，都是立足在他们所见到的事实上而从事劳动，他们的大方向基本上是一致的。虽然，教会把他们这些人都看作是"异端"，把他们的话都当作"邪说"，而他们彼此之间，却因为观点不同，对同样的现象认识不一致，这就形成了"水成论"和"火成论"两大学派。

一、火成学派对水成学派的斗争

以德国人维尔纳为首的水成学派认为，地球生成的初期，其表面全部为"原始海洋"所淹盖。溶解在这个原始海洋中的矿物质逐渐沉淀，从这些溶解物中，最先分离出来的东西是一层很厚的花岗岩，它铺在表面起伏不平的地球"核心"部分上面，随后又沉积了一层一层的结晶岩石。维尔纳把这些结晶岩层和其下的花岗岩，称为"原始岩层"。他认为"原始岩层"是地球上最老的岩石。他又认为，由于后来海水一次又一次下降露出水面的、由原始岩石所形成的山头，经过侵蚀又形成了沉积岩层，他把这些沉积岩层称为"过渡层"。他认为，"过渡层"以上含有化石的地层，都是由"原始岩层"变相而产生的东西。他坚持其中所夹的玄武岩，是沉积物经过地下煤层发火而烧成的灰烬，不是岩流。1787 年冰岛（大西洋北部）炽热的玄武岩大量爆发，铺满大片地区，当时在西北欧，人们认为是轰动世界的大事。在这次大爆裂发生 20 多年以前，得马列已经在法国中部一个采石场里，发现了黑色的典型玄武岩，他跟着这个玄武岩体一步步地追索，直到达到一个火山口。这一发现完全证明了玄武岩就是火山爆发出来的岩流。这个事实，给了水成论点以严重的打击。得马列经

常不愿意和反对者争论，只是说："你去看看吧。"然而，水成论者还是围绕着维尔纳，坚持他们的论点，始终认为玄武岩不是熔岩凝结而形成的，而是采用了其他不大合理的解释。

维尔纳是当时最有威望的矿物学家。他亲身采集的矿物种类很多，鉴定分类工作也是丝毫不苟。他对他的学生也是非常认真、非常严格，可是他的性格是异常顽固的。他住在德国的萨克索尼地区，在一个小矿业学院里从事教学工作。他家里贫寒，没有资金到远处去看看，所以他所见到的地质现象仅限于萨克索尼地区的地质现象，对地质现象的解释，当然也受到了萨克索尼那个地区的限制。就萨克索尼地区来说，他的论点，大致也可以过得去。

以英国人哈顿为首的火成学派认为，由多种矿物结晶，包括石英所组成的花岗岩，不可能是矿物质在水溶液中结晶出来的产物，而是高温度的熔化物经过冷却而形成的结晶岩体。由于花岗岩在地球表面的岩石层中占基础的地位，所以花岗岩的生成问题就和地球上岩石的生成问题，也就是地球发展历史的问题，在很大的程度上是分不开的。火

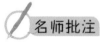

名师批注

维尔纳的论点受到了生活环境等因素的限制。

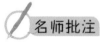

名师批注

火成学派的观点。

成论者进一步从这种花岗岩母体的边沿部分，找到了许多由它分出的结晶花岗岩脉插入周围的岩石之中，认为石英这一类矿物绝不可能溶在水中，怎么可能从水溶液中结晶出来呢？他们更进一步察觉了和花岗岩体或岩脉接触的岩层，往往很明显呈交错和焦灼的状态，这就更证明了高温熔岩侵入的作用。另外，火成学派经过仔细地察看，组成玄武岩的矿物颗粒，也大都是在熔化状态下受到冷却而结晶的产物。诸如此类的事实，对水成学派的论点都是不利的。

哈顿这个人的性格比较温和，不像维尔纳那样顽固，没有做出像维尔纳那样公开顽强的表现，虽然他在内心对他那一派的观点是很坚定的，但在他的生前人们很少注意到他所提出的问题。哈顿这一派受到的压力，不仅来自水成学派，而且来自由于哈顿的观点比水成学派更不利于宗教传统的信念，这就受到宗教很严酷的迫害。还有一个原因，就是哈顿学派转入了下一场激烈的斗争，即渐变论和灾变论的斗争。而宗教势力对渐变论的观点是痛心疾首的。

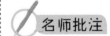

名师批注

以哈顿为首的火成学派与宗教有着更大的矛盾。

从地质科学的发展历史来看，在这个发展初期的阶段，水成学派和火成学派都做了一定的贡献，在近代科学萌芽的阶段，他们在不断的斗争中，陆续地把地质科学向前推进。

当时斗争的激烈情况，可以从下述故事得到一点印象。在苏格兰爱丁堡一个小山上的古城下，两派开了一次现场讨论会，彼此互相指责和咒骂达到了白热化的程度，结果用拳头互相殴打一场，才散了会。散会以后，在愈来愈多有利于火成学派观点的事实面前，一时在地质学中占统治地位的水成学派内部逐渐瓦解，一向坚决支持维尔纳的门徒也一个个溜走了，最后以水成学派的完全失败而告终。这样，人们对地质现象的认识就大大地提高了一步。

二、渐变论对灾变论的斗争

以法国居维叶为首的灾变论学派认为，过去世界上一次又一次发生过灾难性的大变化，经过每一次灾变，世界的景象突然改变。例如过去有过洪水时期，在这个时期，洪水到处泛滥，山川原野和一切景物都改变了面貌，生物大批灭亡，经过这样一次毁灭性的变化以后，一个新的世界又重新出现。灾变论者指出，像 1765 年毁灭意大利的庞培和赫尔丘兰纽姆那些巨大的繁荣城市，活活地把千千万万人埋在横扫一切的岩流之下，当时，在西欧广泛引起了极端的恐怖。灾变论者抓住这些事实，于是纷纷议论，说既然在意大利的一个地区现在有这样的事实发生，难道在全世界更古的时代，就没有发生过规模更大的火山爆裂、白热岩流广泛流注，造成更可怕的灾难吗？如若灾变论者当时知道，在印度西部，大约在始新世时代，在中国西南部，石炭纪与二叠纪时代，地下突然有大量玄武岩迸出，范围之大远远超过了毁灭庞培那一次的火山爆裂。如若灾变论者当时知道，在人类已经出现的时期，在世界上不止一次出现了厚度达几百米乃至几千米的冰流，填满了山谷，覆盖着原野，形成一望无际的冰海，这个冷酷的景象，给人类和其他生物带来的灾难又是来得多么突然！多么可怕！我们今天追索地球上一切景物变化的过程，还可以代替灾变论举出其他不少毁灭性的变化来支持他们的观点。例如，在地层中我们往往发现古生物群忽然而来、忽然而去等等。

另外，还值得提出的是，灾变论者指出了洪水为灾以致生物的大批死亡，这很接近圣经上所提的洪水为灾的故事，因而得到了宗教势力的支持。

灾变论者指出了地球上突然发生的巨大变化，这对人们认识自然现象有一定的激发作用；而他们片面地强调这些现象，好像大自然的变化是没有秩序、没有规律，这又对人们认识自然所需要的科学态度，无所启发。

渐变论的倡导者，实际上也是以哈顿为首的。在他和水成论者作斗争的年代里，他愈来愈清楚地认识了地球的自然变化，是极其缓慢的，现在是这样，过去也不外乎这样。哈顿认为，我们只能根据现在在世界上发生的一切，来了解和追索过去发生的一切，他认为这是很现实的。什么世界时时受到超自然灾难的设想，对哈顿来说，简直是神秘不可思议的。他对这一点的信心，最好是用他自己的语言表达出来，他说："推动自然现象除了对于地球是自然的力量以外，再没有别的力量可以适用，除了在原理上我们所知道的行动（指自然界）以外，再没有别的可以许可。"哈顿毫不含糊地指出，现在地面上的山谷原野，并不是一成不变，而是逐渐消耗剥落成为泥沙、石子，被流水带到海里成层地积累起来，这些东西要是固结了就和陆上的岩层一样，积累是非常慢的。陆上那么厚的岩层应该代表多么长的时间！这就对地球的过去打开了几乎难以置信的漫长历史，这个漫长的地质历史时期，自然力流行，看来没有什么和今天不同。

哈顿的论点，在他生前虽然没有引起人们的注意，但到了他的晚年即 18 世纪的末叶，人们关于地层的知识一天比一天丰富起来了，因此灾变论也就无形无影被渐变论代替了。特别是 18 世纪后期，英国的史密斯在他开掘运河的工作中，取得了大量有关地层资料，运用化石划分地层、对比地层。根

名师批注

渐变论学派的观点。

据化石的种类，不仅在西北欧那一小块地方建立了地层发展的程序，从而揭开了漫长的地质历史，而且这一方法的运用扩展到了世界的许多地区。

19世纪中叶，莱伊尔在《地质学原理》一书中，总结了到他那个时代为止的经验，提出了渐变论这个名词。他把对矿物、岩石、地层、古生物等方面的研究，都纳入了地质科学的领域。他第一次把维尔纳的"原始岩石"中的结晶岩层区分开来，称为变质岩类。"变质"这个词，明确地显示着一切变质岩类，都是由普通的沉积岩层经过高压和高温的作用，发生了结晶和再结晶而形成的。后来的工作，证明了莱伊尔的看法是基本正确的。

莱伊尔对火成岩的组成和形态作了分析，指出了它们在许多地质现象中，并不像火成学派与水成学派激烈论战时那么重要。从莱伊尔的著作中可以看出，地层中所含的化石，是追索地球历史发展过程的主要资料。莱伊尔的这个观点，奠定了现代地质科学发展的基础。可以说，100多年以来，全世界的地质工作基本上是以地层学为主导的。人们在这里、那里，在这个时代、那个时代，发现了火成岩的活动、地质构造运动和生物世界层出不穷的变化等等，都是在很大的程度上与地层学和古生物学的发展分不开的。

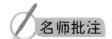

名师批注

肯定了莱伊尔对现代地质科学发展所做出的巨大贡献。

为了寻找矿物资源，在世界上许多地区设立了地质调查机构，取得了大量的地质资料，特别是有关地层的资料，这就大大地扩展了地史学的领域，大大地丰富了它的内容。但是，由于100多年来，人们对地质现象的认识和采用的方法，基本上是以地层所提供的资料为主导的，这样做，固然发展了地质学，但也束缚了地质学的发展。地层的记录，无论在哪个地区，总是残缺不全的，即使把全世界各处保存下来的地层全部拼凑起来，也不能反映地质时代的全部历史，而地质时代的历史，仅仅是地球历史极短的、

最后的几页。

在这 100 多年来，现代的地质科学没有重大的跃进，但也发现了一些极堪注意的大问题，至今还没有得到解决。现在，把这些重大的问题分篇扼要地叙述一下。

[本文为《天文·地质·古生物资料摘要（初稿）》一书中的第二部分。]

 名师点拨

本文主要介绍了关于地质的几大论战：火成论对水成论的斗争，渐变论对灾变论的斗争，并分别从辩证的角度来评价几大学派的贡献与不足，从而对以后的地质工作提出了更高的要求。

好词佳句

☆不共戴天　根深蒂固　痛心疾首　泛滥　束缚

☆地球是宇宙中一颗渺小的星体，是太阳系行星家族中一个壮年的成员，有丰富的多种物质，构成它外层的气、水、石三圈，对生命滋生和生物发展，具有其他行星所不及的特殊优越条件。

☆如若灾变论者当时知道，在人类已经出现的时期，在世界上不止一次出现了厚度达几百米乃至几千米的冰流，填满了山谷，覆盖着原野，形成一望无际的冰海，这个冷酷的景象，给人类和其他生物带来的灾难又是来得多么突然！多么可怕！

趣味思考

水成学派、火成学派、灾变论学派、渐变论学派的观点分别是什么？为什么宗教会支持灾变论学派的观点呢？

地质时代

名师 带你读

　　地质时代是如何划分的？划分地质时代的重要依据是什么？地质构造运动形成了哪些地貌？

一、地质时代的划分

　　所谓地质时代，并没有严格的界线，一般是从最老的地层算起，直到最新的地层所代表的时代而言。最老的地层，当然包括变质岩层，最新的地层不包括冲积层。

　　广泛的实践经验证明，除了变质岩以外，许多不同时代建造的地层往往含有不同种类的化石，其中经常可以找出若干族类、种类只出现于某一段地层或者仅限于某几层地层。根据这种普遍存在的现象，在每一个地区从事地质工作的人们，经常注意在地层中寻找化石或者化石群作为标志来和其他地区的地层对比。有些化石是很特殊的，在上下地层垂直分布的范围很小，而在全世界的水平分布却很广。不管在各处的地层的岩石性质是否相同，只要它们所含的化石或化石群相同，它们的地质时代就是相同或大

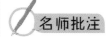

名师批注

　　作诠释，对地质时代进行了解释说明。

名师批注

　　化石是划分地质时代的重要依据。

致相当的。这样一来，古生物化石的研究就成为划分地层的重要途径。

尽管在古代，宗教徒对化石公然提出了一些诡怪的说法，然而那种迷信很快就被古生物学揭穿了。

这样，从发展过程的历史来看，古生物学和地层学是密切联系着的两个学科，但是就在它们发展的过程中，发生了争论，形成了两派：一派主张，古生物学和地层学应该合起来搞；另一派主张把古生物学分开，让地层学站在一边，而由古生物学自己根据生物进化的过程建立一个独立的学科。这两派有时争论很激烈，有时也按传统习惯"各自为政"，到今天形势还是这样。

不管怎样，利用古生物遗迹和遗体来划分地层，在世界范围内，对地质的历史已经做出了很大的贡献。而地层在层序上，在阐明上下的关系，也就是新老的关系上，对古生物某些种族的发展过程，也提供了确实可靠的依据。

含有古生物遗迹或遗体的地层，只限于全部地层较新的一部分。这个较新的一部分，已经根据上述的观点，划分为若干时代的产物。但是，现在已经发现了，还有很厚一段较老的地层基本上不含化石，那就需要用其他的方法来鉴别它们产生的时代。未变质或浅变质的较老的地层，在中国叫震旦纪，最厚达1万多米。但是，这个名词，在国外有的用，有的还固执地不用，统称为前寒武纪；而我们国家搞地质的也有一种跟外国传统走的倾向，也跟着叫前寒武纪，而不叫前震旦纪。

自从某些物质蜕变现象被发现以来，人们就利用某些元素，特别是铀、钍、钾等的蜕变规律来鉴定地层的年代。因为，用这个方法，可以求出地层中或火成岩体中原来所含蜕变矿物存在的年龄，所以，一般称为绝对年龄鉴定法。实际上，所谓绝对年龄，并不是绝对的，它只提供一个概略的数字。因此，这个名词不恰当，最好称作同位素年龄鉴定法。

二、地质构造运动的时期问题

地层并不是在水里或陆地上一层加一层平铺上去的东西，而是在它们形成的某些阶段、某些地带发生了程度不等、方式不同的运动。这种机械运动，只要达到了一定的强度，就从参加运动中的地层的特殊结构反映出来。运动以后，受影响的地层，就不再是一层一层平铺上去了，而是发生规模不等的挠曲、褶皱、断裂等现象。同时，有些地区，由于受了挤压的原因或地下深部隆起的原因，上升成山岳；另外一些地区平缓下降成为洼地、湖沼或为海水所淹没。在山岳地带，由于大气中的侵蚀作用，高山逐渐被剥落，乃至夷为平地；而在低洼地区，就接受那些剥落下来的物质，如石块、泥沙之类，暂时的或永久的停积下来。经过了这样一次地质构造运动以后，如果大面积地区又被淹没，那么在被削平了的挠曲、褶皱的地层上面，又会沉积一系列平铺的岩石。这些新沉积的岩层和其下老岩层不整合的关系，就标志着在某一个地质时代，地球上某一地区或地带发生过比较强烈的运动。有时，在这种运动发生的时期，在有关的地区往往有不同形状的火成岩侵入，同时那些侵入体有时带来了各种有用的矿产，这一切，当时也被削平了，也为新地层所覆盖。

上面所说的现象，是在地球上许多地区经常见到的现象，它们对有关地区的地质发展过程，也就是那个地区的地质历史是具有极其重要意义的，这一点没有问题。问题在于：

（1）究竟这一段历史发生在什么时代，就是说在不整

名师批注

作诠释，对地层进行了介绍。

名师批注

地质构造运动形成了山岳、洼地等地貌。

名师批注

对地质时代划分的质疑。

名师批注

举例子,说明一些地质变化缺乏地层的记录。

合面的上面的地层和下面受了短期或长期侵蚀的地层,能不能依靠古生物的鉴定,或者同位素年龄的鉴定来找出确切的答案呢?一般,确切的答案是很难得到的。

(2)在不整合面代表一个长期受侵蚀的情况下,难道不会在这个受侵蚀的时期中,在不整合面上,有个时期被水淹没过,也停积过沉积物,后来,由于上升露出水面,又被侵蚀掉了?这样的过程,就没有地层的记录可考?我们不能排除这种情况的可能性,也不能排除这种事情反复发生过几次的可能性。中国北部,奥陶纪地层和石炭纪、二叠纪地层之间,有很长的时期,缺乏地层的记录,这就是很好的一个例子。

(3)既然侵蚀的时间不能确切地鉴定,那就很难把在某一个地区发生的某一次运动和另外一个地区发生的某一次运动,严格地联系起来作为同一运动看待。特别是那两个地区相隔很远,对比起来就更没有把握。

但是,100多年来世界各地的地质工作者,趋向于共同的认识,他们认为各地质时代中,地球上发生过几次强烈的运动,而每次强烈运动大体上是同时的。这里,我们需要追索一下这个概念形成和发展的过程。那几次巨大的运动,最初主要是根据西欧那个局部地区的地质条件定下来的,后来把它推广到世界上其他许多地区。事实上,在逐步扩大范围的过程中,在时间对比的问题上,已经引起了不少的争论。

尽管这样,最初的那个概念,一直占着统治地位,传到了俄国,也传到了中国。所以,在中国的地质工作者,也就认为在我们的国度里也有什么加里东运动、华力西运动和阿尔卑斯运动等3次极其强烈的运动,也就不知不觉地套用了什么加里东等的名称,所以在地质工作者之间往往就发生这样毫无意义的争论:譬如说,秦岭这条山脉,你说是加里东运动形成的，他说是华力西运动形成的，诸如此类。这就说明一个问题，我们地质工作者，把外国的东西生搬硬套，用来解决中国地质上的问题，这样就带来了严重的错误和巨大的损失。

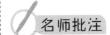

名师批注

科学研究要因地制宜而不能生搬硬套。

事实上，根据中国地层发育的情况和其间不整合的关系，解放以来，我们已经证实了一些规模巨大的运动。譬如说，燕山运动（在中生代时期）、吕梁运动（在前震旦纪时期）等的存在，而这些运动在欧美等地区就不那么显著。甚至，从那里地层发育的现象得不到证明。反过来说，阿尔卑斯运动（时间是在第三纪的中叶）在欧洲的南部，确实是很激烈的，而在中国就见不到同时发生的强烈运动的痕迹。

以上所说的这些运动，都是指运动的时期或局部的方向而言，很少涉及在每次运动波及的范围内所造成的构造形式，关于这一点的重要性，另有论述。

三、地槽和地台问题

同一个时期的地层在地理条件不同的地区，构成它的沉积物的性质和厚度往往不大相同。就地层的厚度来说，有的地区从零到几米或者仅仅几厘米，而在另外一个地区厚度可以达到几十米或者几百米；就沉积物的性质来说，在某些地区是泥沙层或石灰岩层之类，而在另外一些地区主要是粗、细沙砾岩层、煤层或夹若干石灰岩层等类的物质造成的。这种在地面上沉积物的变化，一般大都可以用地形隆起、低洼，沉没在水中或海中的深浅来加以说明。不过，通过这样的解释，来说明同一地质时期所产生的地层的变化，是有限度的，是一般性的。

1859 年，霍尔在北美东部阿帕拉契亚山脉的北部，发

名师批注

沉积物的变化，形成了不同的地貌。

现了受过强烈褶皱的古生代浅海相地层，其厚度共达 12 千米以上。就是说，比在阿帕拉契亚山脉以西的同一时代，几乎无褶皱的岩层，厚 10—20 倍。既然那些沉积物是浅海的产物，那么它们的产生必然是由于它们沉积的地带，边沉降、边沉积而造成的东西。后来，在那一带浅海沉积中，又发现了夹杂着火山岩流之类的复杂岩层。1873 年，达纳进一步调查研究了这种现象，他把这样长期的沉降带和其中的沉积物，统称为地向斜（中文译名为地槽）。达纳之后，在世界其他地区，又发现了不少主要是由浅海沉积物形成的厚度很大的狭长地带。在这样的地带积累起来的沉积物，必然是那个地带边下沉、边沉积而产生的。地槽这个概念，也就逐渐普遍地被接受下来了。其中，显著的例子就是北美西部的柯迪勒拉地槽，南美西部的安第斯地槽，欧洲的阿尔卑斯地槽，欧亚分界的乌拉尔地槽，中国的祁连山、秦岭地槽等。

名师批注

举例子，介绍了地质作用所形成的地槽。

人们对地槽的认识，在地质构造现象中，确实提出了一个比较重要的问题。但是，也引起了一些疑问，首先是地槽的概念，不是那么明确。因此，在推广这个概念的过程中，就出现了各式各样的地槽，有的甚至与原来认为是典型地槽的特点并不符合。这还是次要的事情，更重要的问题是在地球上为什么发生了那些"地槽"。讲地槽的人们，好像认为地槽是天生的，不允许过问它的起源。科学工作者，对世界上的万事万物就是要问个为什么，闭口不谈地槽的起源，是非科学的。我们毕竟要问，每个确实存在的"地槽"，它为什么恰巧出现于它所在的地方？为什么所有地槽都占有一个长条形的地带？为什么经常有和它相伴随的、相反相成的隆起地带？这种隆起地带有时夹在地槽中间，有时靠近地槽的一边。当然，这些隆起地带由于受到侵蚀，现在或者已为平地，或者是和地槽中的沉积岩层一起转入了强烈的褶皱，有些人把这些伴随地槽的隆起地带称为地背斜。这个名称，恰好是和地向斜相配合的。根据这一类事实，如果我们把地槽和伴随它的地背斜，当作大陆上某些地带发生的巨型挠曲、褶皱看待，看来是合理的。就是说，地球上大中小型的褶皱，在实质上基本是相同的，其不同之点，只是规模的大小，这样看问题，我们就可以把地向斜（地槽）、地背斜和其他大小型的向斜、背斜同样当作地壳形变现象处理。那种把地槽看作地球上特殊的、不需要过问起源的、天生的形象的论点，是不可知论，是反科学的论点。

地槽以外的地区，往往存在着褶皱甚为平缓，除了整体略为上升下降以外，看不出什么显著运动迹象的稳定地块。在乌拉尔山脉西侧广大的地区，就是属于这一类型的地块。俄罗斯的地质工作者们抓住了这一特殊现象，称它为俄罗斯地台。以后，他们在乌拉尔以东，又发现了一大块平地，叫作西伯利亚地台。从此，他们又推广了地台这个名称，一直推到中国来了，称中国这个地区为中国地台。其中又分为若干个较小的地台。经过长期的地质工作和比较深入探测，人们在地台策源地的俄罗斯地台下面，发现了相当强烈的褶皱和火成岩的活动。而西伯利亚地台区，表面尽管平缓，下面的地层在有些地方褶皱也是非常剧烈的。在中国，全国范围内地层的褶皱，一般都是比较明显的，而在很多地带又是极为强烈的。所以就在套用了中国地台这个名称的基础上，于是就不得不把各式各样的地台，越划越小，在中国的大地构造中，就出现了许多这个、那个地台，而在这个、那个地台中又发现了褶皱带和断裂带互相穿插的情况，又创造了一个新学说，叫作"地台活化"论。请看，"地台活化"了，那还叫什么地台呢？这一个小小的例子，本来不值得一提，但是从这里可以看出，西

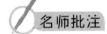

名师批注

举例子，介绍了著名的地台地貌。

欧和苏联地质学界的这种主观主义和形而上学的观点，是怎样深深地影响着一部分中国地质工作者的，这就不是一个小事情。

四、沉积矿床

各种沉积层中的沉积物，有的具有工业价值，有的还没有找到工业上的用途。具有工业价值的沉积物，有的单独成层夹在普通岩石之中，有的工业矿物成薄片和普通岩层夹杂在一起，有的和普通岩石颗粒混杂在一起。关于成层的沉积矿床，最普通的例子有煤、铁、铝、磷、硫、岩盐、钾盐、石膏及其他盐类等。关于夹杂或混杂在岩层中的沉积矿床种类甚多，在岩层中聚集或分散的形式往往大不相同，这种夹杂或混杂在岩层中的有用矿物的来源，绝大部分是从原生矿床或含有那些有用矿物的古老岩石，经过侵蚀、风化和天然的分选而来的。这种类型的矿床，最值得注意的有含铜砂岩，含磷、含锰的岩层，含金、含铀的沙砾岩以及其他稀有金属、稀土元素、分散元素等。

以上是指由固体的矿物形成的固体矿床而言，其次，还有一些液体和气体的有用矿物质资源存在于岩层中。因为构成岩层的矿物颗粒之间，经常有大小不等的空隙，液体或气体往往充填这些空隙，其中具有最重要工业价值的液体和气体，就是大家所知道的石油和天然气。地下水也是夹杂在岩层中极其重要的成分。在某些地区，特别是干旱和盐碱地区，地下水对广大人民群众的日常生活和社会主义工农业建设，都是一种必不可少的资源；而在另外一些地区，如某些矿山开发的地区，它又可能造成灾害。

由于石油、天然气和水的特殊重要性，以及它们在地下的流动性，地质工作者必须不断总结野外观测和实验的

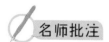

名师批注

介绍了沉积矿床中所蕴藏的矿藏。

名师批注

介绍了石油和天然气形成的条件。

经验，通过实践、再实践来阐明这些矿物质的分布、动态和集中的规律，查明它们集中的地带和地区，分析它们的组成成分。显然，我们需要用特殊的方法来处理有关这一类资源的问题，与固体矿床的处理方法有所不同。就石油来说，我们首先应该根据从地质和古地理条件来寻找哪些地区是具有有利于生油的条件。所谓有利于生油的条件有以下几点。

（1）就是需要有比较广阔的低洼地区，曾长期为浅海或面积较大的湖水所淹没；

（2）这些低洼地区的周围需要有大量的生物繁殖，同时，在水中也要有极大量的微体生物繁殖；

（3）需要有适当的气候，为上述大量的生物滋生创造条件；

（4）需要有陆地上经常输入大量的泥沙到浅海或大湖里去，这样，就可以迅速把陆上输送来的有机物质和水中繁殖速度极大而死亡极快的微体生物埋藏起来，不让它们腐烂成为气体向空中扩散而消失。

石油生成的论点很多，直到现在还莫衷一是。不过，大体上看来，上面的观点可以说是大致符合实际情况的。这仅仅是就石油的生成，也就是它生成时，当初分布的主要特点和一般情况而言。在地种分散的情况下，生产出来的点滴石油混杂在泥沙之中，是没有工业价值的，必须经过一种天然的程序，把那些分散的点滴集中起来，才有工业价值。这个天然的程序，就是含有石油的地层发生了褶皱和封闭性的断裂运动。所以，我们找石油的指导思想：第一，要找生油区的所在和它的范围以及某些含有油气苗的征象（关于这一点，不是经常可以找到的，如果石油埋藏和封闭得比较好的话）；第二，进一步查明适合于石油、天然气和水聚集的处所，石油工作者称那些

名师批注

分类别，详细说明了有利于石油形成的地质条件。

113

处所为储油构造。

[本文为《天文·地质·古生物资料摘要（初稿）》一书中的第三部分。]

 名师点拨

本文从地质时代的划分、地质构造的时期、地槽与地台、沉积矿床等方面对地质时代进行了说明介绍，并对地质工作者的工作提出了更高的要求与希望。

好词佳句

☆各自为政　莫衷一是

☆讲地槽的人们，好像认为地槽是天生的，不允许过问它的起源。

趣味思考

石油和天然气形成的条件是什么？关于寻找石油，我们有哪些指导思想？

冰川的起源

名师 带你读

地球上为什么会有大面积的冰川呢？冰川与太阳辐射又有着怎样的关系呢？

地球表面之所以发生大规模冰流现象，有种种不同的意见。其中比较重要的有下面几种看法。

（1）由于太阳辐射热减少，以致全球表面平均温度下降；太阳辐射热增加，地球表面温度也就随着变暖。这种太阳辐射热增减的幅度并不需要很大，就可以产生冰期和温暖或炎热的气候条件。

（2）大陆上升，气温下降，积雪扩大，形成相应广泛的冰流或冰盖。

（3）由于地球轨道的形状、地球自转轴对黄道平面倾斜角的改变和春秋推移现象的影响，地球接受太阳的热的总量和南北两半球接受的热量也因而改变，以致产生气候的变化，特别是南北两半球的气候差别。

（4）银河系旋转周期变更的影响。

（5）由于大陆漂流运动，在不同的地质时期，各个大陆块对当时两极和赤道的地位各有不同。每一个时期，各

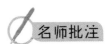

名师批注

　　分类别地介绍了人们对冰川形成的几种意见。

大陆块接近两极的部分，就成为冰盖形成的策源地。

(6) 由于大气层组成的条件变化，例如有时含水蒸气、二氧化碳和微尘、粒子特多，就会在一定程度上妨碍太阳热直达地面，尤其是水蒸气特多的时候，大约有70%由太阳送来的热反射到空中去了，这样地面的温度就会降低。还有其他的一些论点。现在，我们看一看上面提出的几个比较重要的论点，究竟是否与地球长期以来发生了冰川活动的事实相符。

第一，太阳辐射热变化的论点，除了太阳黑子有一定的周期出现，因而轻微地影响地面的气候以外，没有发现任何可靠的理由来说明在地球漫长的历史时期，太阳有周期的或不规律的大量增减它的辐射热。

第二，大陆上升，当然会使大陆上升部分的气候变得更为寒冷。例如，有人认为，中国，特别是中国东部，以及西伯利亚太平洋沿岸地区，在第四纪时代，平均高度可能达到海拔 2 000 米以上。又如，在石炭纪与二叠纪时代，在印度半岛的中部，也是高原或高山地区，以致成为一个冰盖结集的中心，冰流向周围的地区流溢等。从这个论点出发，又向前推进一步，有些人认为，一次强烈的地壳运动，特别是造山运动的时代以后，就会来一次大冰期。这个论点，就某些地区来说，是可以作为进一步探索的基础，但远不能与全部事实对应。

第三，我们知道，地球轴像陀螺轴摇摆的周期那样，有一定的摇摆周期，这个周期是 2.6 万年。地球轨道的偏心率变化，是 9.2 万年一个周期。地轴对黄道平面的角差，现在是 23° 30′，在 21°30′—24°30′ 的限度内，一直经历着有周期的改变。这个周期是 4 万年。这些变化联合起来，就会使地球接受太阳的辐射热量发生变化，从而使地球表面的温度发生变化。有人使用这些变化数据的组合画出一

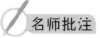

名师批注

太阳黑子与太阳的辐射热有关联。

名师批注

这些周期影响了太阳的辐射热。

看看我们的地球

条曲线，表示 60 万年以来（最近又有人把这个曲线延长到 100 万年以来）地球上温度的变化。从这条曲线中，他们认为可以看出，有一个长期的凉夏，以致在适当的纬度和高度的地区，冬天的积雪不致融解而形成永久的冰盖和冰流。又可以从曲线中看出，有几段较长的时期，即间冰期，夏季较热，以致冬季的积雪全部融解了。这种解说，可以勉强说明第四纪的冰期和间冰期的存在，但对那些更古老的冰期，在时间上的分布，就不相符合。

第四，银河系的旋转，大约2亿年一个周期，这又和三大冰期以及更古老的冰期之间相隔的时间不符。

第五，如若把非洲、澳大利亚和南美向南挪动，靠近南极大陆，可以说明上古生代大冰期中，这些大陆南部都发生了冰期；但如果像有些人所主张的那样，还要把印度的北部从西藏底下抽出来，再把整个印度送到南极大陆附近去，从大陆构造的一般规律来看，是太玄妙了。

第六，大气层中的水汽，主要是由于陆地的水分和海水的蒸发而来的，也许可能有一小部分是由太阳发射质子向地球冲击，与大气上层的氧气遭遇而形成的。同时，在80余千米的高空中出现云层，构成这种云层的水分，其来源似乎与普通降雨的云层有所不同。大家知道，水是由氢和氧化合而成的，如若太阳发射质子轰击地球果真是事实，那么这种情况，在地球漫长的历史过程中，就不是时不时，而是会持续不断地出现。这样，大冰期就无时间性。那些大气层中的二氧化碳，主要是生物供给的，小部分是由火山喷出来的。有人强调，过去火山爆发，从地球喷出大量的二氧化碳，给了生物滋生的条件，形成了例如石炭纪与二叠纪的煤层。但是，从地质上找不出这种迹象。因此，这个论点是不能成立的。

宇宙微尘粒子存在于天空中，确是事实，在大洋底某

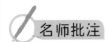

名师批注

宇宙的粒子阻碍了太阳辐射热。

117

些地方的一层极薄的红泥中，有一极小组成部分，来自宇宙空间，但它的降落不是时多时少或具有间歇性的，而是具有经常性的；也很难设想，在冰期时代，由宇宙空间忽然来了大量的宇宙微尘，以致大气层遮断太阳辐射热的作用，发生了巨大的变化。

看来，这些论点都不能解释冰期的出现。冰期是有时间性，但没有一定的周期。现在看来，冰期究竟是怎样产生的这个问题还没有得到解决。

有人从海洋方面，获得了海水和气温有关的一些现象，有些人对气温和海水的温度，从古生物方面获得了一些有关的"证据"，这主要是根据孢粉和古代植物的残迹，以及氧16和氧18两种同位素成分对比的鉴定，得出了比较可靠的结论。通过这些方法所获得的结果是：在侏罗纪时代，某种海生碳酸盐介壳中所含的氧同位素的比例，证明在侏罗纪时代全世界海水的温度是比较温暖的，到了白垩纪时代，平均温度稍低，但还没有降到结冰的程度。这样看来，海水在侏罗纪以来囤积了大量的热，估计至少在最近5000万年的时期是这样。但是，到白垩纪的后期，海水的温度逐渐降低，到了第三纪的时候，还继续降低。在太平洋底采取的有孔虫化石，从阿拉斯加、西伯利亚海底，一直到太平洋赤道附近的若干地点所取得的样品，都同样表示海底温度继续下降的趋势。到第三纪的末期，太平洋海底的温度接近于零度。这时候正是第四纪大冰期将要开始。这些事实，从海洋方面提出了一个新的问题：海水失掉热量，继续冷却，和第四纪大冰期的出现，究竟有无联系？

对这个问题，多数人的意见是肯定的，并且有些人还提出了发展的过程。他们认为，在北极圈的范围以内，由于北冰洋周围四面都是大陆，仅仅在格陵兰和西北欧大陆

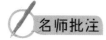名师批注

提出问题，下面将进行具体分析。

118

之间与大西洋相通，在亚洲与美洲大陆之间，白令海峡可能也是通向太平洋的通道。北冰洋在这样一个半封锁的情况下，其洋面由于缺乏潮流的循环，它的表面就比较容易结冰，一旦结了冰，冰面对反射太阳热的作用，就必然加强。这样它下面的海水，就形成一股冰流向大西洋和太平洋方面流去，使得大西洋和太平洋北部的海水逐渐变冷。这样下去，在这两个海洋北部邻近的地区，就创造了形成大规模的冰盖、冰流的必要条件：一是温度下降的程度和范围逐步扩大；二是有两个海洋供给充分的水分，使大陆上得到充分的降雪量。

按这样一个发展的过程来说，第四纪的大冰期，在北半球是由冻结了的北冰洋、格陵兰及其他邻近北冰洋、北太平洋、北大西洋地区开始的。这个推断，大体上与事实相符。在南半球，因为有一个南极大陆，四面为大洋所围绕，在那里形成大规模冰流、冰盖的上述两个条件早已存在，因此大冰期在南极大陆的开始应该更早一些。事实上，在格雷厄姆（南极半岛）早已发现了第三纪初期即始新世的冰碛物。这就更进一步加强了上述对第四纪大冰期发展过程的推断。

这样一个第四纪大冰期发展的过程，是不是无穷无尽继续往前发展？不是的。一个有趣的自然现象就在这里，当冰盖和冰流扩大了它们的范围，必然引起冷而干的气流向外扩散，以致冰前的海域和地区温度继续降低，降雪量减少，由于缺乏给养，冰盖和冰流就不得不后退，就是说，冰盖和冰流的发展达到一定的程度，就会产生消灭它自己的倾向。自然界有不少的事例，表明由于它自己的发展而归于消灭。因此，上述论点，可以说是符合自然辩证法的。

地球上有许多局部地区，在不同的地质时代，发生过局部冰流泛滥的现象。这些由于局部的地质、地理条件所

名师批注

以设问的形式，起突出强调的作用，并回答了我们的问题。

引起的冰流泛滥现象，与全球性或地球上广大面积陷入冰天雪地的景象意义迥然不同，那种局部发生冰盖或冰流的原因，应该从它们发生的地区和时代的古地理、古气候，以及当时、当地的地质条件中去寻找，而大冰期的来临必然影响全球，是地球发展史中不可忽视的一件大事。

本篇撇开了局部冰流泛滥的问题，仅就大冰期的出现汇集了一些有关的资料和论点，其目的是企图阐明地球作为一个整体，在这一方面——主要是气候方面的经历，与它在其他方面的经历作个对比，以便寻求地球全部的历史发展过程。遗憾的是，在这一方面我们获得的成果还是很有限的，还有大量的工作有待于今后的努力。

为了总结经验，删去烦琐，现在把本篇中提出的一些重大问题，归纳为以下几点：

（1）地球存在的漫长历史过程中，反复经过几次大冰期，其中最近的三期都具有全球性的意义，时期也比较确定。这三期就是第四纪大冰期、晚古生代大冰期和震旦纪大冰期。震旦纪以前，还有过大冰期的反复来临，但时代不大明确，证据有时也不大清楚。

（2）每一次大冰期中，都有冰盖和冰流扩展、收缩或消失的现象相间，分为几个亚冰期和间冰期。亚冰期是气候寒冷，降雪较多，冰层积累较厚，冰盖和冰流扩展的时期；而间冰期是气候温暖甚至炎热的时期，在间冰期中，冰盖和冰流收缩，甚至大部分消失。

（3）在三大冰期的时期，都有生物存在。虽然在震旦纪时代，只见有原始藻类繁殖的遗迹，而其后发生的两大冰期时代，都有高级生物继续生存，这就证明冰期时代，地球表面温度下降的幅度，并未达到使生物全部灭亡的程度。

（4）第四纪和震旦纪大冰期都是全球性的。但晚古生代的大冰期，普遍影响了南半球；在北半球，只在印度留有遗迹，而印度，有些人认为是从南半球漂流来的。

（5）最后三大冰期，显示规律性不强的周期性，每两次大冰期之间，相隔2.5亿—3.5亿年。似乎有一种倾向，越古老的冰期，相隔时间越长。

（6）冰期的起源，看来是由一些非周期性的因素和一些周期性的因素复

合起来而决定的。在这一方面，还有待于投入大量探索性的工作，才能做出最后的结论。

[本文为《天文·地质·古生物资料摘要（初稿）》一书中第五部分的第四章。]

名师点拨

本文简单地介绍了冰川形成的原因，让我们对现在的冰川有了清晰的认识，经过几次冰期使得一些地方的冰川常年不化，而由于所处地球位置的不同和受到太阳辐射的不同，也形成了不同的分布。

好词佳句

☆循环　迥然不同　遗憾

☆我们知道，地球轴像陀螺轴摇摆的周期那样，有一定的摇摆周期，这个周期是 2.6 万年。

趣味思考

冰川的形成有几种猜测？冰期对于冰川的形成有什么影响？

沧桑变化的解释

名师带你读

　　地球上为什么会有沧海桑田的变化呢？我国古代都有哪些记载呢？

名师批注

以对话开篇，让原本严肃的问题变得轻松。

　　前几天在彭公庙的路上，遇到一位老者问我们做什么。我说是看看地。他问："地下有宝吗？"我说："或者有或者没有。"他又问："能看好深？"这句话骤听起来，似乎可笑，然而实际含着精微的哲理。我们为什么要看东西？是要得到认识，认识愈真切，便是看得愈深。譬如我们平

日看到好多东西，就说这个花木，如花是红的，叶是绿的。或者看见朋友，认识他，认真点说我们只认识他的外表，事实上未必认识他的人格、他的个性。夫妇之间算是最亲密，亦有时彼此不认识心性。又如房屋，只认识其轮廓，实际内容如何，尚不得知。刚才老人的话，看起来很普通，其实很有道理。看地质的人，就是想往里看、往深看。然而究竟能看好深，便要问地质科学进展之程度和看者个人的造诣。

地质学探讨的问题，大致可以说，是探讨沧海桑田的变化是桩什么事。沧桑变化是一段神话，似为无稽之谈，研究地质以后，才知道有相当的道理，才能做一个解答。即在地质学发达程序看起来，沧桑之变化是研究得比较早的。中国宋朝的朱熹就有研究。看《朱子语录》，他说，你在山上石中时常可发现介类，如螺丝蚌蛤，这都是生长在水中的，居然发现在高山上，包含着现在的高山有个时候当在水中意义。又说，好多山头有波纹状况。如水的波动，好像这山头是在水中造成的。这些话都算认识不差，《朱子语录》有这些话，足以证明沧桑变更之认识，朱熹恐怕要算第一人，也就是世界上第一个地质学家。古希腊的学者，对于地质只有片断的记载，既无事实证明，也没有具体的考察，所以朱熹研究地质学，在世界上最早。朱熹以后，为意大利人达·芬奇（Leonardo da Vinci），他是画家、音乐家，也是文学家，是15世纪的人，正当我国元朝时候。他常到野外去，发现许多化石，他的研究比朱熹还详细。此后讲地质学者，日渐增加。18世纪末，西欧文化日渐进步，就是现代科学的嚆矢。18世纪末研究学术者甚多，有许多人研究地质学。他们研究的方法有两种：一条路是研究动植物的，另外一条路是研究矿物的。因为石中有结晶体，如四方形、六方形、长方形，

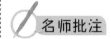
名师批注

　古人对沧海桑田的记载。

以及其他多面形等，每种矿物结晶形，给予一个名称，逐渐发展为矿物学。研究动植物的人，虽然不都研究化石，然而化石就是生物的遗骸，在石中成形的。所以研究生物的演变，化石是不可少的。第一条路研究矿物的，直至现在还继续下去，不过方法更精明更进步罢了。第二条路研究化石的，经过许多阶段。这都是学术上的变迁，对于沧桑的认识，关系很大。这里也分为两大派：一为法国学者如居维叶等生物学家。要知道古代生物成千累万，而埋在石中者，例如介壳类、有脊椎动物类，在石中所找得到，现今大都不生存，这是什么道理？居维叶认为地球上常有洪水发生，每次洪水均有极大摧残与破坏，每经一次洪水，陆上生物死了个干净。再过一个时期，又产生一些新的生物，如是者若干次，所以说，古代生物与现代的生物不同，就是洪水的缘故。又一派主张生物逐渐演变，无需洪水，如英国学者达尔文等，就是这一派的中坚分子。如古代的小马巨象其各部分逐渐变更的情形，大半都由化石中可以寻出，所以生物逐渐进化说得以成立。地质上的现象，逐渐演进，也因之渐形确定。此两派学者斗争至烈，到19世纪大家都知道居维叶的主张是不对的，而渐进说是对的，是合理的。

从矿物的方面出发，也有两派斗争：一派为德国人，重要者如维尔纳等，其重要主张，认为石头系火山爆发所致，如熔铁炉一样，石头在摄氏1000余度时大都熔化，到几百度便凝固了，这就是火成说。另一派为水成说。就是有如干土、泥沙、石，因在水中，故成层次，一层一层的，重重叠叠。我们假想河流挟泥沙冲入海中，平平地积成一层，设若另外一次水冲来，又成一层，像这样经过若干次，便成层叠不穷厚大的石头，这就是水成说。主张水成说的大部分是英国人，如哈顿等。后来研究者根据事实，搜集证据的结果，证明水成说是对的。两派学者均能解释沧桑变化一部分的缘故，就是一大部分是水成岩，一小部分是火成岩。现在已证明这是合乎事实的。这两大重要学说经过事实证明，已属毫无疑问。

生物是逐渐进化的，岩石是大部分在水内成功的，小部分是火山喷发的，已成定论。掘地考古，果如老人之言，看入愈深，则认识得愈多，故可钻地成孔，向下看，越深越好。不过这太笨了，这笨法子实际并不能用，若在大海中，不是十分的困难么？如岩石是一层层平铺的，在陆地上倒不成问题，是很简单的。事实上岩石并不是平铺的，而是褶皱的、倾倒的、错乱的。故勘查地质者，如此更为困难。解决的方法，就靠生物的方法，以生物之进化程序来决定某代有某生物，拿这方法来研究，还是不够。另一方面就要拿构造的方法来补充。譬如一部未装订的、错乱的、残缺不全的二十四史，整理的方法乃清理褶皱的把它一页一页拉平，另一方面就是按字索时，如有曹操字据者，入《三国志》；有朱温字样者，入《五代史》；或根据某一事实之记载某史。此即根据化石的方法和地质构造的条理。做地质工作者正如是，地质学之方式亦如此。现在另有一问题，即所找者为何物，并不注意它的距今有若干年。如二十四史学者亦不注意距今的年月，大概拿石炭纪、二叠纪、三叠纪、侏罗纪等来决定。正如朝代一样，由某纪即可追寻它在时间上的次序。但一般人士于此不大熟悉，犹如乡人不知道朝代一样。若追索年数，最可靠的方法，是拿放射矿物来研究，放射性的爆裂是不受温度和压力影响的，按它的爆发之结果，来决定年代，这方法很有成效，如石炭纪距今约为 500 个百万年，侏罗纪为两三百个百万年。地质学是以百万年为单位的，时间好像过长，但学地质的是感兴趣的，好像麻姑所说的沧桑之变，是实有的事。

名师批注

用打比方的方法，来说明地质学工作的道理，简单明了。

不过沧海桑田，太普通太易见了，倒不足为奇。不如说是山海变更，更觉彻底，更显厉害，更能得到重大结果，更表明变化的重要阶段。

造山运动的解释，近二三十年才达到重要的阶段。因为利用物理学尤其是力学上的原则来研究，已脱离渐变说急变说的幼稚言论。

名师批注

中国山脉的分布特征。

中国的山脉是不乱的，有系统的，最有系统的是东西线。最北和苏联交界的，是唐努山脉、肯特山脉；往南内外蒙古盆界，便是阴山山脉；再南便是昆仑山脉、秦岭山脉；最南就是南岭山脉。这种东西线的山脉，每两条相隔纬度大约 8°，即约 800 千米。这种情形全世界都有。唯在欧洲有国土的限制，故难有显著的研究。另一种为弧形山脉，我个人称它为"山字型山脉"，因为像个"山"字。如湘南系，从资兴至郴县苏仙岭、临武香花岭，而至都庞岭，中间一直就是衡山、阳明山、九嶷山，故两边有耒阳、祁阳、道县等平原。两端各有一反射弧，资兴正在反射弧形之中，彭公庙及酃县边境应在反射弧形之顶。故昨天到彭公庙酃县边境去看，果然不错。明日还要到青要铺去看反射弧形之自然转弯现象。想在青要铺方面，一定可以看到。主要者，反射弧形均朝向赤道，美洲、欧洲、非洲都是这样的山。个人的意见，解释这种弧形构造的生成，似乎与地球的自转速率有关。假定地球愈转愈慢，则其难解说此现象。若地球愈转愈快，则因离心力水平分力的关系，部分移动，便成向着赤道地壳表面折成山字型的现象，又假定转动愈快之后，便成大陆分裂现象。例如南北美洲因为赶不上速度，便逐渐与欧非大陆脱节。这里有许多证据，例如有种种不能渡海的陆上生物，在非洲也有，而在美洲也有。

故可证明美洲原与欧非两洲连贯。后因不能追上此转运之速度，美洲遂致落伍而脱节。根据此种说法，可说明大陆之成因、山字型山脉之成因，此种说法正在萌芽，若非战事发生，恐十年内便可得到定论。将来这种说法成定论之后，便解释地质上许多问题，并可解释沧桑变化的道理。

名师点拨

对于沧海桑田的变迁我们并不陌生，本文主要为我们解答了造成地球上沧海桑田变化的原因。

好词佳句

☆造诣　沧海桑田

☆地质学是以百万年为单位的，时间好像过长，但学地质的是感兴趣的，好像麻姑所说的沧桑之变，是实有的事。

趣味思考

我国山脉的分布有着怎样的特征？

同龄感悟

《看看我们的地球》读后感

今天，我在家读了李四光教授的《看看我们的地球》这本书。这本书使我获得了很多以前不知晓的知识，令我大开眼界，受益匪浅。

李四光是地质学家、教育家，曾任中国科学院副院长、地质部部长、全国政协副主席等职务。他长期从事古生物学、冰川学和地质力学的研究，在发现中国第四纪冰川和创立地质力学诸多方面建立了卓越的功勋，对中国地质科学和地质事业的发展做出了巨大的贡献。

李四光教授之所以为国家做出了这么大的贡献，是因为他善于发现，善于思考，认真钻研，有"打破砂锅问到底"的学习精神，他这种精神很值得我们学习。

李四光教授对天文、地理、古生物等研究也做出了巨大的贡献。面对重重困难，他坚持不懈、持之以恒，最终获得了成功。因此，我们要继承和发扬他这种积极参加科学实践，勇攀高峰，不断创新的精神，把自己的聪明才智献给祖国。同时，我们也要以李四光教授为榜样，无论做什么事都要坚持不懈，全力以赴，争取做到最好，为祖国的发展贡献出自己的力量。

一、填空题

1.《看看我们的地球》的作者是＿＿＿＿＿＿＿，他是世界著名的科学家、＿＿＿＿＿＿＿＿＿、＿＿＿＿＿＿＿和社会活动家，我国现代地球科学和地质工作奠基人，中国地质学会创始人之一。

2.《看看我们的地球》是李四光先生的讲座、随笔小品等的集锦。在文章中作者使用了大量的说明方法，如＿＿＿＿＿、＿＿＿＿＿＿、＿＿＿＿＿＿、＿＿＿＿＿等。

3. 天文工作者用来称量宇宙空间距离的单位之一是＿＿＿＿＿＿。

4. 今设想一平面，与地轴成直角，又经过地球的中心，这个平面与地面交切成圆形，名曰＿＿＿＿＿＿。

5. 燃料的种类很多。现今通用的，就形式上说，有＿＿＿＿、＿＿＿＿、＿＿＿＿三项的区别；就实质上说，不过＿＿＿＿、＿＿＿＿、＿＿＿＿三大宗。

6. ＿＿＿＿＿＿条件和＿＿＿＿＿＿条件对我们石油勘探工作的方向，是有比较重要的关系。

二、选择题

1. 越往地球深处，温度越加增高，大约每往下降 33 米，温度就升高（　　　）。

    A. 1℃　　　　　B. 2℃　　　　　C. 3℃　　　　　D. 4℃

2.（　　　）天文学家认为，世界的年龄为 21.5 万岁。

    A. 迦勒底人　　　B. 波斯　　　　　C. 英国　　　　　D. 德国

3. 下列说法不正确的一项是（　　　）

    A. 地球顺着一定的方向，从西到东，每日自转一次。

    B. 从钻探和开矿的经验看来，越到地下的深处，温度会越来越高。

    C. 新生世的中期，世界发生了地势大革命。欧洲产生了阿尔卑斯山脉，亚洲产生了喜马拉雅。

    D. 构造地震之所以发生，主要在于地壳构造运动，地震是不可以预报的。

4.（　　）首创地球轨道的扁度变更与地上气候有关之说。

    A. 拉普拉斯　　B. 喜帕卡斯　　C. 阿得马　　　D. 克洛尔

5. 根据地热的情况可以推测到地壳的厚度，大约是（　　）千米。

    A. 25　　　　　　B. 35　　　　　　C. 45　　　　　　D. 55

6. 根据地热的情况推测地壳的厚度时，依据的是（　　）特点。

    A. 石灰岩

    B. 花岗岩

    C. 玄武岩

    D. 大理岩

7. 地球的直径大约有（　　）多千米长。

    A. 14 000　　　　B. 13 000　　　　C. 12 000　　　　D. 11 000

8. 下面（　　）不是现今通用的燃料。

    A. 火酒　　　　　B. 木材　　　　　C. 煤炭　　　　　D. 煤油

三、思考题

读完本书，你最感兴趣的是哪一个篇章？在这个篇章中你学到了哪些知识？

_____

_____

_____

_____

_____

答　案

一、1. 李四光　地质学家　教育家　2. 列数字、作诠释、分类别、举例子
　　3. 光年　4. 赤道　5. 固质　液质　气质　木材　煤炭　煤油　6. 沉积
　　构造
二、1. A　2. A　3. D　4. C　5. B　6. C　7. C　8. A
三、略。

图书在版编目（CIP）数据

看看我们的地球 / 李四光著. -- 武汉 ：湖北教育
出版社，2023.8
　（中小学生大阅读 ：名师视频讲解版）
　ISBN 978-7-5564-4642-1

　Ⅰ．①看… Ⅱ．①李… Ⅲ．①地球科学－青少年读物
Ⅳ．①P-49

　中国国家版本馆CIP数据核字(2023)第064669号

看看我们的地球

出 品 人	方 平	视频讲解	付 蓉
责任编辑	胡 瑾	责任校对	李庆华
封面绘图	兰诗怡	责任印制	李 枫
装帧设计	ZHIYG 张岑玥		

出版发行	长江出版传媒	430070	武汉市雄楚大道 268 号
	湖北教育出版社	430070	武汉市雄楚大道 268 号
经　销	新 华 书 店		
网　址	http://www.hbedup.com		
印　刷	武汉市新华印刷有限责任公司		
地　址	武汉市江夏区大桥新区邢远长街 18 号		
开　本	710mm×1000mm　1/16		
印　张	9		
字　数	150 千字		
版　次	2023 年 8 月第 1 版		
印　次	2023 年 8 月第 1 次印刷		
书　号	ISBN 978-7-5564-4642-1		
定　价	26.00 元		